应用型大学计算机专业系列教材

U0731122

Web静态网页设计与排版

李 妍 主 编

郭 峰 柴俊霞 副主编

清华大学出版社
北 京

内 容 简 介

本书重点介绍 Web 静态网页设计制作与实现,主要内容包括网页设计基础、超文本标记语言 HTML、使用 Dreamweaver CS5 进行网页设计、CSS、DIV＋CSS 与盒子模型、网页的布局与排版,并通过案例指导学生实训,加强实践,强化技能培养。

本书知识系统、案例丰富、语言简洁、实用性强(书中案例和练习都配有相应的素材、源文件和最终效果,可以在清华大学出版社网站免费下载),便于学习和掌握,既可作为应用型大学本科及高职高专院校信息管理、计算机应用、网络管理、电子商务等专业教学的教材,也可用于广大企事业单位 IT 从业人员的职业教育和在职培训,并可为社会网络技术爱好者和程序员实际工作提供有益的参考。

图书在版编目(CIP)数据

Web 静态网页设计与排版/李妍主编. --北京:清华大学出版社,2016(2019.8 重印)

应用型大学计算机专业系列教材

ISBN 978-7-302-41947-1

Ⅰ. ①W… Ⅱ. ①李… Ⅲ. ①网页制作工具－程序设计－高等学校－教材 Ⅳ. ①TP393.092

中国版本图书馆 CIP 数据核字(2015)第 263180 号

责任编辑:王剑乔
封面设计:常雪影
责任校对:袁　芳
责任印制:李红英

出版发行:清华大学出版社

　　　　网　　　址:http://www.tup.com.cn, http://www.wqbook.com
　　　　地　　　址:北京清华大学学研大厦 A 座　　　　　邮　　　编:100084
　　　　社 总 机:010-62770175　　　　　　　　　　　邮　　　购:010-62786544
　　　　投稿与读者服务:010-62776969, c-service@tup.tsinghua.edu.cn
　　　　质量反馈:010-62772015, zhiliang@tup.tsinghua.edu.cn
　　　　课件下载:http://www.tup.com.cn,010-62795764
印 装 者:北京密云胶印厂
经　　销:全国新华书店
开　　本:185mm×260mm　　　　　**印　张:**13　　　　**字　数:**295 千字
版　　次:2016 年 4 月第 1 版　　　　　　　　　　**印　次:**2019 年 8 月第 4 次印刷
定　　价:39.00 元

产品编号:067203-02

编审委员会

PREFACE

　　微电子技术、计算机技术、网络技术、通信技术、多媒体技术等高新科技日新月异的飞速发展和普及应用,不仅有力地促进了各国经济发展、加速了全球经济一体化的进程,而且促进当今世界迅速跨入信息社会。以计算机为主导的计算机文化,正在深刻地影响人类社会的经济发展与文明建设;以网络为基础的网络经济,正在全面地改变传统的社会生活、工作方式和商务模式。当今社会,计算机应用水平、信息化发展速度与程度,已经成为衡量一个国家经济发展和竞争力的重要指标。

　　目前我国正处于经济快速发展与社会变革的重要时期,随着经济转型、产业结构调整、传统企业改造,涌现了大批电子商务、新媒体、动漫、艺术设计等新型文化创意产业,而这一切都离不开计算机,都需要网络等现代化信息技术手段的支撑。处于网络时代、信息化社会,今天人们所有工作都已经全面实现了计算机化、网络化,当今更加强调计算机应用与行业、与企业的结合,更注重计算机应用与本职工作、与具体业务的紧密结合。当前,面对国际市场的激烈竞争和巨大的就业压力,无论是企业还是即将毕业的学生,掌握计算机应用技术已成为求生存、谋发展的关键技能。

　　没有计算机就没有现代化! 没有计算机网络就没有我国经济的大发展! 为此,国家出台了一系列关于加强计算机应用和推动国民经济信息化进程的文件及规定,启动了电子商务、电子政务、金税等具有深刻含义的重大工程,加速推进"国防信息化、金融信息化、财税信息化、企业信息化、教育信息化、社会管理信息化",因而全社会又掀起新一轮计算机学习应用的热潮,此时,本套教材的出版具有特殊意义。

　　针对我国应用型大学"计算机应用"等专业知识老化、教材陈旧、重理论轻实践、缺乏实际操作技能训练的问题,为了适应我国国民经济信息化发展对计算机应用人才的需要,为了全面贯彻教育部关于"加强职业教育"精神和"强化实践实训、突出技能培养"的要求,根据企业用人与就业岗位的真实需要,结合应用型大学"计算机应用"和"网络管理"等专业的教学计划及课程设置与调整的实际情况,我们组织北京联合大学、陕西理工学院、北方工业大学、华北科技学院、北京财贸职业学院、山东滨州职业学院、山西大学、首钢工学院、包头职业技术学院、北京科技大学、广东理工学院、北京城市学院、郑州大学、北京朝阳社区学院、哈尔滨师范大学、黑龙江工商大学、北京石景山社区学院、海南职业学院、北京西城经济科学大学等全国30多所高校及高职院校的计算机教师和具有丰富实践经验的企业人士共同撰写了此套教材。

　　本套教材包括《数据库技术应用教程(SQL Server 2012版)》《ASP.NET动态网站设计与制作》《多媒体技术应用》《Web静态网页设计与排版》《中小企业网站建设与管理》

等。在编写过程中，全体作者严守统一的创新型案例教学格式化设计，采取任务制或项目制写法；注重校企结合，贴近行业企业岗位实际，注重实用性技术与应用能力的训练培养，注重实践技能应用与工作背景紧密结合，同时也注重计算机、网络、通信、多媒体等现代化信息技术的新发展，具有集成性、系统性、针对性、实用性、易于实施教学等特点。

　　本套教材不仅适合应用型大学及高职高专院校计算机应用、网络、电子商务等专业学生的学历教育，同时也可作为工商、外贸、流通等企事业单位从业人员的职业教育和在职培训，对于广大社会自学者也是有益的参考学习读物。

系列教材编委会
2016 年 1 月

前　言

FOREWORD

　　互联网已经成为世界上覆盖面最广、规模最大、信息资源最丰富的计算机信息网络，随着互联网的盛行，各行各业都开始建立自己的网站，而网站功能也日益强大，现代人的很多工作、学习、生活都可以在网上进行，因此，社会对网站建设人才有了很大的需求量，Web 静态网页设计也已经成为高等学校计算机专业学生必须掌握的基本技能。

　　Web 静态网页设计制作因功能强大、操作简便，被广大企事业用户所喜爱，在网络开发、网络系统集成、网络应用中发挥重要作用，并伴随因特网的广泛应用而得以迅速普及。

　　Web 静态网页设计制作是计算机网络专业重要的专业课程，也是计算机网络及软件相关专业中常设的一门专业课。当前学习 Web 静态网页设计制作知识、掌握 Web 静态网页制作的关键技能，已经成为网站及网络信息系统从业的先决和必要条件。

　　目前我国正处于经济改革与社会发展的关键时期，随着国民经济信息化、企业信息技术应用的迅猛发展，面对 IT 市场的激烈竞争，面对就业上岗的巨大压力，无论是即将毕业的计算机应用、网络专业学生，还是从业在岗的 IT 工作者，学好 Web 静态网页制作，真正掌握现代化网络开发工具，对于今后的发展都具有特殊意义。

　　本书作为应用型大学本科及高职高专院校计算机应用专业的特色教材，全书共 6 章，以学习者应用能力培养提高为主线，坚持以科学发展观为统领，严格按照教育部关于"加强职业教育、突出实践技能培养"的要求，根据应用型大学教学改革的需要，依照 Web 静态网页设计制作学习和应用的基本过程和规律，采用"任务驱动、案例教学"写法，突出"实例与理论的紧密结合"，循序渐进地进行知识要点讲解。

　　本书融入了 Web 静态网页设计制作的最新实践教学理念，力求严谨，注重与时俱进，具有知识系统、案例丰富、语言简洁、突出实用性、便于学习和掌握等特点。

　　本书由李大军总体筹划并具体组织，李妍主编并统改稿，郭峰、柴俊霞为副主编，由具有丰富网页设计制作实践经验的专家刘靖宇博士审订。编者编写分工如下：牟惟仲负责序言编写，张媛媛编写第 1 章，李妍、刘志丽编写第 2 章，李毅编写第 3 章，郭峰编写第 4 章、第 5 章，李妍、柴俊霞编写第 6 章；华燕萍负责文字修改、版式调整，李晓新承担制作教学课件工作。

　　在编写过程中,我们参阅和借鉴了大量国内外有关 Web 静态网页制作方面的最新书刊和相关网站的资料,精选收录了具有典型意义的中外优秀作品,并得到编委会及业界专家、教授的具体指导,在此一并致谢。为配合本书的使用,我们提供了配套电子课件和随书素材资源,读者可以从清华大学出版社网站(www. tup. com. cn)免费下载。因网页设计制作技术发展快且编者水平有限,书中难免存在疏漏和不足,恳请同行和读者批评、指正。

编　者

2016 年 1 月

目 录

CONTENTS

第 1 章

网页设计基础

随着 Internet 的迅猛发展，网络正极大地改变着人类的生活和工作方式。通过网络可以浏览海量信息、展示自己、浏览各色产品、与全球朋友交流沟通，这一切都离不开 Web 网站的支撑。本章将带领大家欣赏各具特色的网页，并学习网页制作的相关基础知识，为后续学习网页设计奠定基础。

本 章 重 点

- 网页设计的基本概念
- 构成网页的基本要素
- 制作网页的基本工具

1.1 网页基础知识

布局合理、颜色搭配鲜明、视觉效果良好的网站往往能够吸引更多网友，也是网站设计的目标，在学习相关知识之前先浏览一些经典网站页面效果，如图 1-1 所示。

1.1.1 网页、网站和首页

1. 网页

网页是由 HTML 或者其他语言编写的、通过 IE 浏览器编译后供用户获取信息的页面，又称为 Web 页，其中可包含文字、图像、表格、动画和超级链接等各种网页元素。网页一般可分为静态页面和动态页面。

静态页面是指网页文件中没有程序，而只有 HTML 代码，一般以. html 或者. htm 为后缀名，如图 1-2(a)所示。

动态网页是指网页文件中不仅具有 HTML 标记，而且还含有程序代码，并通过数据库建立连接，通常以. asp、. aspx、. jsp、. php 等为后缀名。这种文档类型的网页由于采用了动态页面技术,所以拥有更好的交互性、安全性和友好性,如图 1-2(b)所示。

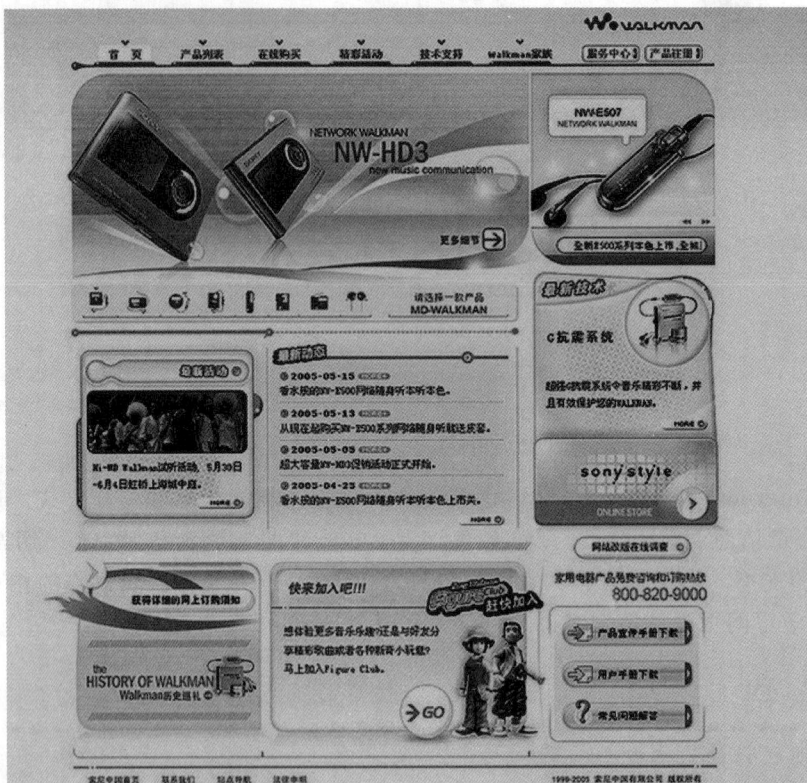

(a) 视觉中国优秀网站

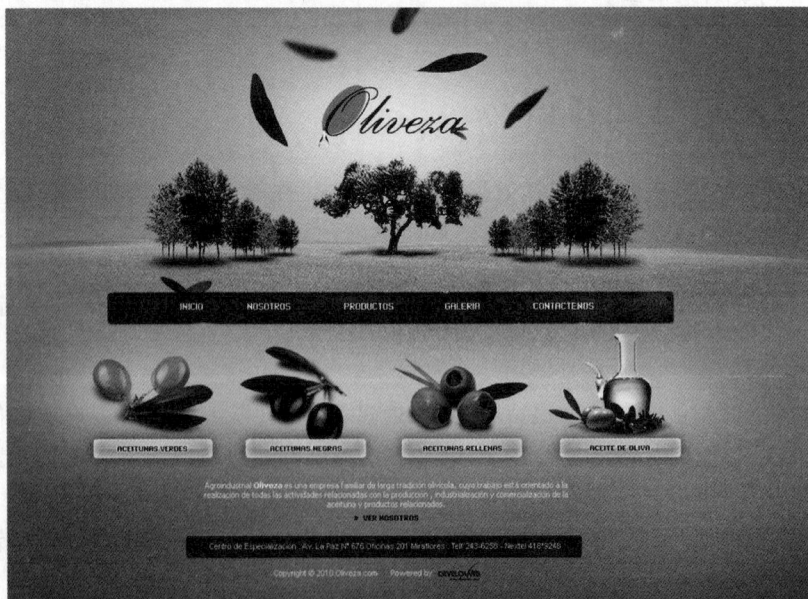

(b) 秘鲁sogaso网站设计作品

图 1-1　经典网站页面

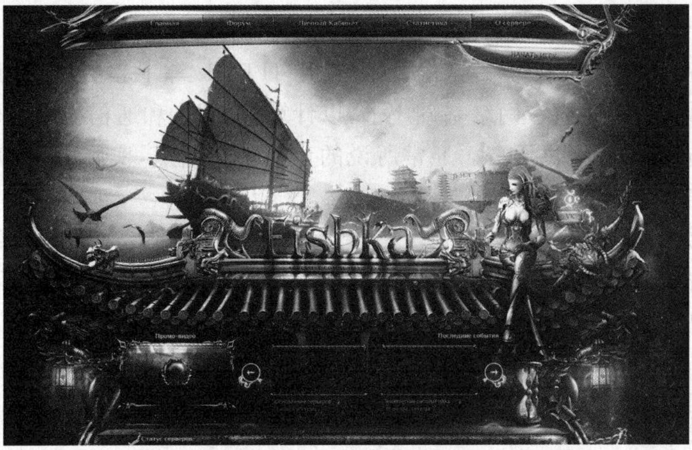

(c) 俄罗斯mrsmi5tt超酷游戏网站面

图 1-1(续)

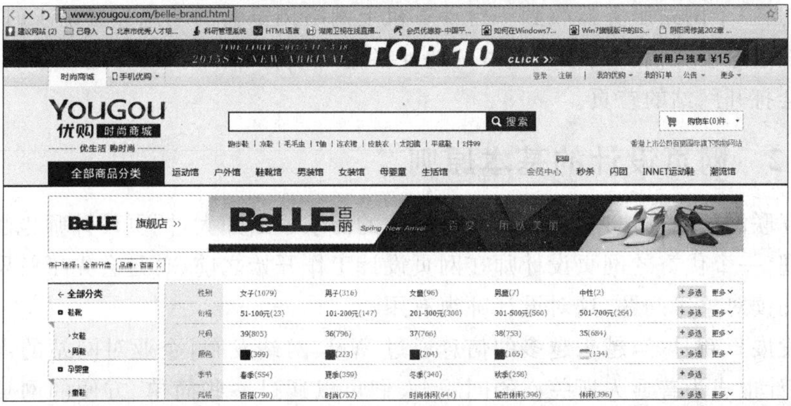

(a) 静态网页

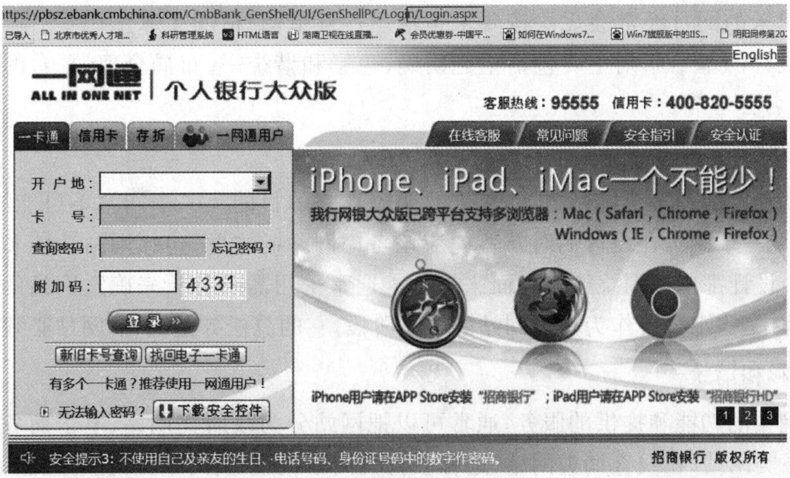

(b) 动态网页

图 1-2 网页类型

2．网站

网站是指在互联网上,根据一定的规则,使用 HTML 等工具制作的用于展示特定内容的相关网页集合,它建立在网络基础之上,以计算机、网络和通信技术为依托,通过一台或多台计算机向访问者提供服务。通常所说的访问某个站点,实际上访问的是提供这种服务的一台或多台计算机。

网站和网页的区别在于网站是一个整体,网页是一个个体。网站是有独立域名、独立存放空间的内容集合,这些内容可能是网页,也可能是程序或其他文件,不一定要有很多网页,主要有独立域名和空间,哪怕只有一个页面也叫网站。

网页是网站的组成部分。有很多网页没有独立的域名和空间,也只能说是网页。例如,Blog 挂在别人那里的个人主页;淘宝店铺尽管有很多页面,功能也齐全,但都不能叫网站。

3．首页

网站首页也称为主页,是一个网站的入口网页,即指一个网站打开后看到的第一个页面,往往会被编辑得易于了解,且引人注意。网站的首页也是一个网页,只不过该网页具有特殊性,当一个网站服务器收到一台计算机上网络浏览器的消息连接请求时,便会向这台计算机发送这个文档。当在浏览器的地址栏输入域名,而未指向特定目录或文件时,通常浏览器会打开网站的首页。

1.1.2　网页设计的基本原则

随着互联网行业的快速发展,企业对网站的需求不断加大,网页设计师也越来越受到人们的欢迎,一个优秀的网页设计师在网页设计工作开始之前,总是会先了解网页的运行环境以及阅读对象等问题,这对设计师很有用。

网络发展日新月异,越来越多的信息通过 Web 网站发布,企业对网站的需求不断加大,网页设计也成为普通人所关心的问题,人们可以通过一些简单、方便的网页设计工具制作符合自己要求的网页。要真正设计出好的网页,需要掌握网页设计的一些基本原则;否则设计出来的网页经常会无法按要求正常运行且单调、枯燥无味。

网页设计的基本原则主要包括主题明确、色彩和谐统一、布局合理、平台的兼容性、结构规范、命名合理等。

1．主题明确

在开始动手建设一个网站之前,首先要明确建站的目的。一个网站不可能满足所有人的需求,因此一个网页在设计的时候首先应该考虑网站的主题,包括网站功能和用户需求,网页的整个设计都应该围绕这些方面来进行。通常采用需求分析来确定网站的主题,在网站建设过程中,需求分析作为建设网站的第一阶段,它的总任务是回答"网站必须做什么"。

2．色彩和谐统一

根据网站的功能和提供的服务,通常可以把网站分为政府类网站、电子商务类网站、信息资源服务类网站、在线查询类网站、远程教育类网站、娱乐类网站等,色彩应服务于网站的内容,和网站的气氛相适应,如图 1-3 所示。网页设计要达到传达信息和审美两个目的,悦人的网页配色可以使浏览者过目不忘,色彩设计时应该遵循"总体协调、局部对比"的原则。

(a) 政府类网站

(b) 电子商务类网站

(c) 信息资源服务类网站

图 1-3 不同功能的网站

(d) 在线查询类网站

(e) 娱乐类网站

图　1-3(续)

　　色彩代表了不同的情感,有着不同的象征含义。这些象征含义是人们思想交流中的一个复杂问题,它因人的年龄、地域、时代、民族、阶层、经济地区、工作能力、受教育水平、风俗习惯、宗教信仰、生活环境、性别差异而有所不同。

　　一般来说,红色是火的颜色,热情、奔放;也是血的颜色,可以象征生命。黄色是明度最高的颜色,显得华丽、高贵、明快。绿色是大自然草木的颜色,意味着纯自然和生长,象征安宁和平与安全,如绿色食品。紫色是高贵的象征,有庄重感。白色能给人以纯洁与清白的感觉,表示和平与圣洁。

　　单纯的颜色并没有实际的意义,和不同的颜色搭配,它所表现出来的效果也不同。比如绿色和金黄、淡白搭配,可以产生优雅、舒适的气氛;蓝色和白色混合,能体现柔顺、淡雅、浪漫的气氛;红色和黄色、金色的搭配能渲染喜庆的气氛。

　　而金色和栗色的搭配则会给人带来暖意。设计的任务不同,配色方案也随之不同。考虑到网页的适应性,应尽量使用网页安全色。

　　在进行网页色彩设定时可以参考孟塞尔 12 色相环,如图 1-4 所示。暖色由红色组成,红、橙、黄代表温暖、舒适、活力。冷色由蓝色组成,蓝、青、绿代表大方、沉稳、专业。网页界面色彩由主题色和配色组成完展的整体色调,一般一个页面颜色不要超过 4 种。

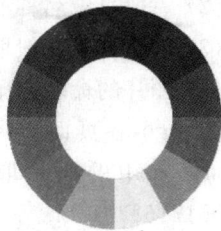

图 1-4　孟塞尔 12 色相环

3. 布局合理

合理的布局会使网页中心突出、页面均衡,更让浏览者赏心悦目。页面布局就是解决网页上各个元素如何放置才能更美观。在进行网页布局时要注意以下几个方面。

(1) 广告与内容的合理搭配。一方面,不能过多地让广告挤占内容空间,过多则影响访客浏览;另一方面,在访客浏览内容时,能进一步增加广告的点击率。

(2) 图文混搭。在网站的首页、频道页、栏目页、内容页等关联页面做好图片与文字的搭配,其中图片的大小、尺寸、色彩、款式以及文字的字体、字号、色彩、字间距、行间距等都要均衡。不能过度使用图片,否则不利于检索。

(3) 栏目划分构造清楚。网站功能栏目划分清晰,突出主栏目的设置,一般左为重,主要栏目以顶部、左侧排列排放,非主要的栏目以底部、右侧排列排放。

(4) 网页布局平均,防止头重脚轻。在网页布局设计时,要注意栏目与栏目、色块与色块、图片与文字之间的搭配和谐问题,好的页面应做到搭配合理,防止头重脚轻、分量失衡的现象。

4. 平台的兼容性

网页设计时要注意保证页面在不同的屏幕分辨率下、不同的操作系统下、不同的浏览器下都能够很好地运行并保证网页的视觉效果,最好在不同的浏览器和分辨率下进行测试,基本原则是确保在 IE 5 以上的版本中都有较好效果,在 1024 像素×768 像素和 800 像素×600 像素的分辨率下都能正常显示。

此外,还需要在网页上尽量少使用 Java 和 ActiveX 编写代码,因为并不是每一种浏览器都能很好地支持它们。

5. 结构规范

合理的文档结构便于网站的维护,方便内容的更新和移动。通常在站点下要建立网站根目录文件夹,存放所有的网页文档。在根目录下建立公用子目录,如 Images、CSS 等,其中 Images 用于存放网站设计制作的所有公用图片,CSS 一般用于存放一些公用特效程序、样式表等。如有需要还可以建立多媒体文件夹 Media,存放 Flash、视频、音频等媒体文件。

根据需要在根目录下建立各栏目文件夹,每个栏目文件夹下还可以建立本栏目中用到的 images 等子目录,用来存放该栏目专用图片。如果这个栏目的内容特别多,又分出很多子栏目,可以相应地再建立其他目录。

6. 命名合理

网页设计中各类文档命名一般应遵循以下规范。

(1) 尽量将所有目录、文件的名称用小写英文字母、数字、下划线的组合,其中不得包含汉字、空格和特殊字符。

（2）一般目录名称所用的英文具有一定的实际意思，便于日后修改。

（3）网站首页一般取名 index 或 default，新闻类网页可以用 news 等名称。

（4）图片的命名原则为一般放置在页面的广告图案等取名为 banner，标志性的图片取名为 logo，在页面上带有链接的小图片取名为 button，主栏目和子栏目的图片取名 menu，修饰用的照片取名 pic，动态网页中的图片可以用时间、数字组合命名，如 20150517163201.gif 等。

1.1.3　静态网页和动态网页

静态网页有时也被称为平面页。它是网站建设的基础，早期的网站一般都是由静态网页制作的。动态网页是指跟静态网页相对的一种网页编程技术。

1. 静态网页的概念

在网站设计中，静态网页是标准的 HTML 文件，它的文件扩展名是.htm、.html，可以包含文本、图像、声音、Flash 动画、客户端脚本和 ActiveX 控件及 Java 小程序等。可以出现各种动态的效果，如.GIF 格式的动画、Flash、滚动字幕等，但这些"动态效果"只是视觉上的，相对于动态网页而言，静态网页主要指没有后台数据库、不含程序和不可交互的网页。静态网页相对更新起来比较麻烦，适用于一般更新较少的展示型网站。

2. 静态网页的特点

（1）静态网页每个网页都有一个固定的 URL，且网页 URL 以.htm、.html、.shtml 等常见形式为后缀。

（2）静态网页是实实在在保存在服务器上的文件，每个网页都是一个独立的文件。

（3）静态网页的内容相对稳定，因此容易被搜索引擎检索。

（4）静态网页没有数据库，在网站制作和维护方面工作量较大。

（5）静态网页的交互性较差，在功能方面有较大限制。

（6）页面浏览速度迅速，开启页面速度快于动态页面。

（7）减轻了服务器的负担，工作量减少，也就降低了数据库的成本。

3. 动态网页的概念

动态网页是指跟静态网页相对的一种网页编程技术。静态网页随着 HTML 代码的生成，页面的内容和显示效果基本不会再发生变化（除非修改页面代码）。而动态网页则不然，页面代码虽然没有改变，但是显示的内容却可以随着时间、环境或者数据库操作的结果而发生改变。

动态网页与网页上的各种动画、滚动字幕等视觉上的动态效果没有直接关系，动态网页可以是纯文字内容的，也可以是包含各种动画的内容，这些只是网页具体内容的表现形式，无论网页是否具有动态效果，只要是采用了动态网站技术生成的网页都可以称为动态网页。

4. 动态网页的特点

（1）动态网页一般以数据库技术为基础，可以大大降低网站维护的工作量。

（2）动态网页具有交互性，网页能根据客户的要求和选择而动态地改变页面显示效果。

（3）动态网页能够自动更新，无须动手更新 HTML 文档，就能自动生成新的页面。

（4）动态网页实际上并不是独立存在于服务器上的网页文件，只有当用户请求时服务器才返回一个完整的网页。

（5）动态网页的网站在进行搜索引擎推广时需要做一定的技术处理才能适应搜索引擎的要求；否则不易被检索。

（6）动态网页在访问速度上不如静态网页，访问的人数一多，页面的加载速度就会变慢，对服务器来说也是一种负担。

（7）动态网页以.aspx、.asp、.jsp、.php、.perl、.cgi 等常见形式为后缀。

1.2　网页的基本组成元素

网页中的基本元素主要包括图片、文字、声音、动画、视频等。如何组织这些元素来达到最好的网页呈现方式，就是网页设计主要完成的工作。

1.2.1　网页中的文本

文字是网页发布信息所用的主要形式，由文字制作出的网页占用空间小，当用户浏览时，可以很快地展现在用户面前。文字性网页一定要注意编排，包括标题的字形、字号，内容的层次、样式，是否需要变换颜色进行点缀等，如图 1-5 所示。

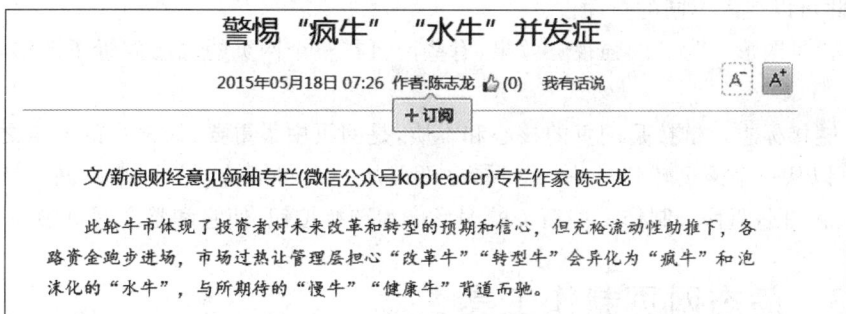

图 1-5　网页文字

标题：每个网页通常都有一个标题，表明本网页的主要内容。标题是否醒目是能否吸引浏览者注意的一个关键，因此对标题的设计是很重要的。

字号：网页中的文字不能太大或太小。太大会使一个网页信息量变小，太小又使人浏览时感到费劲。一个优秀网页中的文字，应统筹规划，大小搭配适当，给人以生动活泼的感觉。

1.2.2　网页中的图形

这里图形的概念是广义的，它可以是普通的绘制图形，也可以是各种图像，还可以是动画。网页上的图形格式一般使用 JPEG 和 GIF,这两种格式具有跨平台的特性,可以在不同操作系统支持的浏览器上显示。网页中的图形要求存储量小、质量高,如图 1-6 所示。

图 1-6　网页中的图形

常见的图形有以下几种。

(1) 菜单按钮。网页上的菜单按钮有一些是由图形制作的,通常有横排和竖排两种形式,由此可以转入不同的页面。

(2) 背景图形。为了加强视觉效果,有些网页在整个网页的底层放置了图形,被称为背景图。

(3) 链接标志。链接是网页的核心和本质,是网页中最重要、最根本的元素之一。通过链接可以从一个网页转到另一个网页,也可以从一个网站转到另一个网站。链接的标志有文字和图形两种。制作一些精美的图形作为链接按钮,使它和整个网页融为一体。

1.3　静态网页制作工具

要设计出赏心悦目、图文并茂、界面美观的网页需要多种软件相互配合,常用的设计软件有 Dreamweaver、Photoshop、Flash、Swishmax、PhotoImpact、Sound Forge、Web Animator、Golive 等,熟练应用各种软件,发挥各种软件的优势,可以快速、高效地开发出用户需要的网页。下面介绍几个主要的网页编辑工具。

1.3.1　网页布局软件 Dreamweaver

Adobe Dreamweaver(DW,梦想编织者)是美国 Macromedia 公司开发的集网页制作和管理网站于一身的所见即所得网页编辑器。DW 是第一套针对专业网页设计师特别发展的视觉化网页开发工具,利用它可以轻而易举地制作出跨越平台限制和跨越浏览器限制的充满动感的网页,如图 1-7 所示。

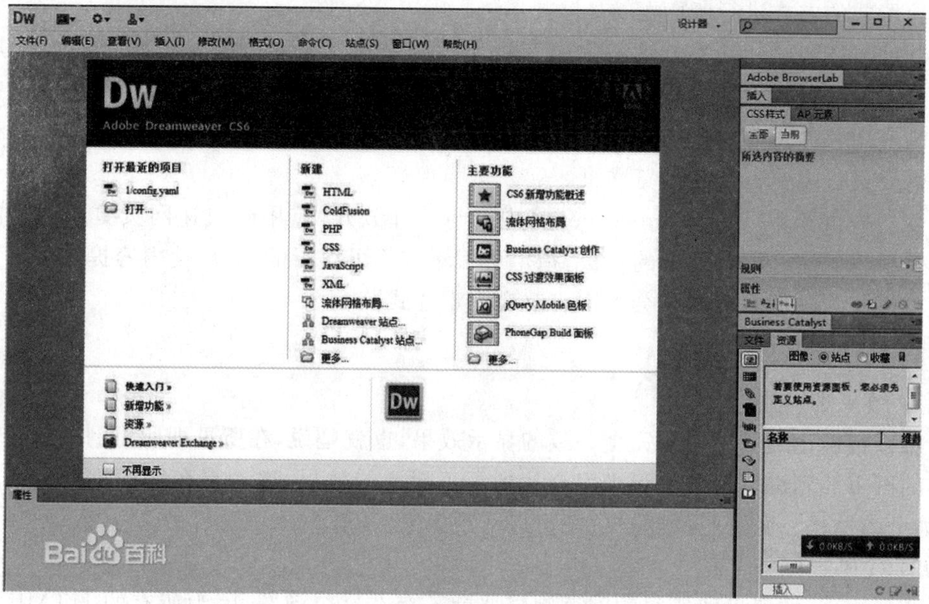

图 1-7　Adobe Dreamweaver

Adobe Dreamweaver 使用所见即所得的接口,亦有 HTML(标准通用标记语言下的一个应用)编辑的功能。它有 Mac 和 Windows 系统的版本。Macromedia 被 Adobe 收购后,Adobe 开始计划开发 Linux 版本的 Dreamweaver。Dreamweaver 自 MX 版本开始,使用了 Opera 的排版引擎 Presto 作为网页预览。

1. 软件优点

1) 制作效率

Dreamweaver 可以用最快速的方式将 Fireworks、FreeHand 或 Photoshop 等档案移至网页上。使用检色吸管工具选择荧幕上的颜色,可设定最接近的网页安全色。对于选单、快捷键与格式控制,都只要一个简单步骤便可完成。Dreamweaver 能与用户喜爱的设计工具,如 PlaybackFlash、Shockwave 和外挂模组等搭配,不需离开 Dreamweaver 便可完成,整体运用流程自然顺畅。此外,只要单击便可使 Dreamweaver 自动开启 Firework 或 Photoshop 来编辑与设定图档的最佳化。

2) 网站管理

使用网站地图可以快速制作网站雏形,设计、更新和重组网页。改变网页位置或档案名称,Dreamweaver 会自动更新所有链接。使用支持文字、HTML 码、HTML 属性标签和一般语法的搜寻及置换功能,使复杂的网站更新变得迅速又简单。

3) 控制能力

Dreamweaver 是唯一提供 RoundtripHTML、视觉化编辑与原始码编辑同步的设计工具。它包含 HomeSite 和 BBEdit 等主流文字编辑器。帧(frames)和表格的制作速度非常快。进阶表格编辑功能可使用户简单地选择单格、行、栏或做不连续的选取,甚至可以排序或格式化表格群组；Dreamweaver 支持精准定位，利用可轻易转换成表格的图层以拖拉置放的方式进行版面配置。

Dreamweaver 成功整合动态式出版视觉编辑及电子商务功能，为 Third-party 厂商提供超强的支持能力，包含 ASP、Apache、BroadVision、ColdFusion、iCAT、Tango 与自行发展的应用软件。当用户正使用 Dreamweaver 设计动态网页时，所见即所得的功能让用户不需要透过浏览器就能预览网页。

梦幻样板和 XML Dreamweaver 将内容与设计分开，应用于快速网页更新和团队合作网页编辑。建立网页外观的样板，指定可编辑或不可编辑的部分，使内容提供者可直接编辑以样式为主的内容却不会不小心改变既定样式。

2. 软件缺点

1）效果难一致

难以精确达到与浏览器完全一致的显示效果，也就是说，在所见即所得网页编辑器中制作的网页放到浏览器中是很难完全达到真正想要的效果，这一点在结构复杂一些的网页（如分帧结构、动态网页结构）中便可以体现出来。

2）代码难控制

相比之下，非所见即所得的网页编辑器就不存在这个问题，因为所有的 HTML 代码都在监控下产生，但是由于非所见即所得编辑器的先天条件，注定了它的工作效率低。如何实现两者的完美结合，既产生干净、准确的 HTML 代码，又具备所见即所得的高效率、直观性，是需要探讨的问题。

1.3.2　图形图像处理软件 Photoshop

Adobe Photoshop，简称 PS，是由 Adobe Systems 公司开发和发行的图像处理软件，如图 1-8 所示。Photoshop 主要处理以像素所构成的数字图像。使用其众多的编修与绘图工具，可以有效地进行图片编辑工作。PS 有很多功能，在图像、图形、文字、视频、出版

图 1-8　Adobe Photoshop

等各方面都有涉及。

从功能上看,该软件可分为图像编辑、图像合成、校色调色及特效制作等部分。

图像编辑是图像处理的基础,可以对图像做各种变换,如放大、缩小、旋转、倾斜、镜像、透视等;也可进行复制、去除斑点、修补、修饰图像的残损等。

图像合成则是将几幅图像通过图层操作、工具应用合成完整的、传达明确意义的图像,这是美术设计的必经之路。该软件提供的绘图工具让外来图像与创意很好地融合。

校色调色可方便快捷地对图像的颜色进行明暗、色偏的调整和校正,也可在不同颜色之间进行切换以满足图像在不同领域如网页设计、印刷、多媒体等方面应用。

特效制作在该软件中主要由滤镜、通道及工具综合应用完成,包括图像的特效创意和特效字的制作,如油画、浮雕、石膏画、素描等常用的传统美术技巧,都可借由该软件特效完成。

1.3.3 动画制作软件 Flash

Flash 又被称为闪客,是由 Macromedia 公司推出的交互式矢量图和 Web 动画的标准,被 Adobe 公司收购。网页设计者使用 Flash 创作出既漂亮又可改变尺寸的导航界面以及其他奇特的效果。Flash 的前身是 Future Wave 公司的 Future Splash,是世界上第一个商用的二维矢量动画软件,用于设计和编辑 Flash 文档,如图 1-9 所示。

图 1-9　Adobe Flash

Flash Player 是一款能够播放小巧又快速的多媒体动画,以及交互式的动画、飞行标志和用 Macromedia Flash 制作出的图像的播放器。这个播放器非常小,只需花一点点时间下载,对于体验网页上的多媒体效果是个很好的开始。

Flash 也支持高品质的 MP3 音频流、文字输入字段、交互式接口等很多功能。最新版本可以观看所有的 Flash 格式。若要观看网页上的多媒体内容,Flash Player 几乎是网络上的标准。为此播放器所制作的动画或图像十分常见。

Flash 特别适用于创建通过 Internet 提供的内容,因为它的文件非常小。Flash 是通过广泛使用矢量图形做到这一点的。与位图图形相比,矢量图形需要的内存和存储空间小很多,因为它们是以数学公式而不是大型数据集来表示的。位图图形之所以更大,是因为图像中的每个像素都需要一组单独的数据来表示。

1.4 动态网页开发技术

目前实现动态网页的技术主要有 ASP、PHP、JSP 和 ASP. NET。无论采用何种语言都能够实现动态网页的开发。

ASP 是目前最简单易学的动态网页技术,其功能完全可以满足绝大多数的应用需要,这也是它仍具有生命力的主要原因。

ASP. NET 是 ASP 的新一代产品,采用 C♯ 或 VB. NET 等新一代编程语言来实现流程控制。其功能强大,但学习难度比 ASP 要高一些。

PHP 采用 PHP 脚本语言来实现,该脚本语言是一种函数式的语言,与 C 语言很类似。PHP 支持跨平台运行。

JSP 采用 Java 语言来实现流程控制,功能强大,运行速度快,但与 ASP. NET 一样,学习难度较大。JSP 支持跨平台运行。

下面分别介绍这 4 种语言。

1. ASP

ASP(Active Server Page,动态服务器页面)是微软公司开发的代替 CGI 脚本程序的一种应用,它可以与数据库和其他程序进行交互,是一种简单、方便的编程工具。ASP 网页文件的格式是. asp。

它是 Microsoft 公司在 1996 年推出的一种运行于服务器端、嵌入了服务器端脚本的 Web 应用程序开发技术,内含于 IIS 3.0 以上的版本中。在 IIS 5.0 中支持 ASP 3.0,同时也支持 ASP 2.0。

2. PHP

PHP(HyperText Preprocessor,超文本预处理器)是一种通用开源脚本语言。PHP 于 1994 年由 Rasmus Lerdorf 创建,起初是 Rasmus Lerdorf 为了要维护个人网页而制作的一个简单的用 Perl 语言编写的程序。

这些工具程序用来显示 Rasmus Lerdorf 的个人履历以及统计网页流量。后来又用 C 语言重新编写,包括可以访问数据库。他将这些程序和一些表单直译器整合起来,称为 PHP/FI。PHP/FI 可以和数据库连接,产生简单的动态网页程序。

PHP 语法吸收了 C 语言、Java 和 Perl 的特点,利于学习,使用广泛,主要适用于 Web 开发领域。PHP 独特的语法混合了 C、Java、Perl 及 PHP 自创的语法。它可以比 CGI 或者 Perl 更快速地执行动态网页。

用 PHP 做出的动态页面与其他的编程语言相比,PHP 是将程序嵌入到 HTML(标准通用标记语言下的一个应用)文档中去执行,执行效率比完全生成 HTML 标记的 CGI 要高许多;PHP 还可以执行编译后代码,编译可以达到加密和优化代码运行,使代码运行更快。

3. JSP

JSP(Java Server Pages,Java 服务器页面)是由 Sun Microsystems 公司倡导、许多公司参与一起建立的一种动态网页技术标准。

JSP 技术有点类似 ASP 技术,它是在传统的网页 HTML 文件中插入 Java 程序段和 JSP 标记,从而形成 JSP 文件,后缀名为 ∗.jsp。

用 JSP 开发的 Web 应用是跨平台的,既能在 Linux 下运行,也能在其他操作系统上运行。它实现了 HTML 语法中的 Java 扩张。

JSP 技术使用 Java 编程语言编写类 XML 的 tags 和 scriptlets,来封装产生动态网页的处理逻辑。网页还能通过 tags 和 scriptlets 访问存在于服务端的资源的应用逻辑。JSP 将网页逻辑与网页设计的显示分离,支持可重用的基于组件的设计,使基于 Web 的应用程序的开发变得迅速和容易。

JSP 是一种动态页面技术,它的主要目的是将表示逻辑从 Servlet 中分离出来。Java Servlet 是 JSP 的技术基础,而且大型的 Web 应用程序的开发需要 Java Servlet 和 JSP 配合才能完成。JSP 具备了 Java 技术的简单、易用,完全面向对象,具有平台无关性且安全可靠,主要面向因特网的所有特点。

4. ASP. NET

ASP. NET 是. NET Framework 的一部分,是一项微软公司的技术,是一种使嵌入网页中的脚本可由因特网服务器执行的服务器端脚本技术,该脚本可以在通过 HTTP 请求文档时再在 Web 服务器上动态创建它们。

ASP. NET 的前身 ASP 技术,是在 IIS 2.0 上首次推出,当时与 ADO 1.0 一起推出,在 IIS 3.0 中发扬光大,成为服务器端应用程序的热门开发工具,微软还特别为它量身打造了 VisualInter Dev 开发工具。

目前很多人对 ASP. NET 和 ASP 概念混淆,其实两者是不同的,ASP 是解释性编程框架,而 ASP. NET 是编译性框架。ASP. NET 无论是从执行效率和安全上都远远超过 ASP;ASP 文件的后缀是. asp,而 ASP. NET 则是. aspx 和. aspx. cs。ASP. NET 实现了代码分离,让代码管理更加直观。

本章小结

本章重点介绍了网页制作的相关基础知识和编辑软件,通过本章的学习,同学们应该掌握网页、网站、首页的基本概念,熟悉网页的基本组成元素,了解网站开发的常用工具,为后续的课程打下坚实的基础。

课后习题

问答题

1. 简述网站、网页和主页的区别。

2. 简述网页设计的基本原则。

3. 上网搜索不同类型的网站,并对网站的布局、色彩、内容进行评析。

第 2 章

超文本标记语言HTML

网页的本质就是超文本标记语言,通过结合使用其他的 Web 技术,可以创造出功能强大的网页。超文本标记语言是 Web 编程的基础。本章重点介绍 HTML 的基本概念、编写网页的方法。

本 章 重 点

- HTML 基础知识
- HTML 常用标签

2.1 HTML 概述

HTML(HyperText Markup Language,超文本标记语言)是 Internet 上用于编写网页的主要语言。HTML 中每个用来作为标记的符号都可以看作是一条命令,它告诉浏览器应该如何显示文件的内容。

2.1.1 HTML 的基本概念

HTML 是为网页创建和其他可在网页浏览器中看到的信息设计的一种标记语言。HTML 是标准通用标记语言下的一个应用,也是一种规范、一种标准,它通过标记符号来标记要显示的网页中的各个部分。

网页文件本身是一种文本文件,通过在文本文件中添加标记符,可以告诉浏览器如何显示其中的内容(如文字如何处理、画面如何安排、图片如何显示等)。浏览器按顺序阅读网页文件,然后根据标记符解释和显示其标记的内容,对书写出错的标记将不指出其错误,且不停止其解释执行过程,编制者只能通过显示效果来分析出错原因和出错部位。

但是需要注意,不同的浏览器对同一标记符可能会有不完全相同的解释,因而可能会有不同的显示效果。

2.1.2　HTML 的历史

HTML 由蒂姆·伯纳斯·李(Tim Berners-Lee)给出原始定义,由 IETF 用简化的 SGML(标准通用标记语言)语法作进一步发展,后来成为国际标准,由万维网联盟(W3C)维护。

包含 HTML 内容的文件最常用的扩展名是. html,但是像 DOS 这样的旧操作系统限制扩展名为最多 3 个字符,所以. htm 扩展名也被使用。虽然现在使用的比较少一些了,但是. htm 扩展名仍旧普遍被支持。

编者可以用任何文本编辑器或所见即所得的 HTML 编辑器来编辑 HTML 文件。早期的 HTML 语法被定义成较松散的规则,以有助于不熟悉网络出版的人采用。网页浏览器延续了这一风格,也可以显示语法不严格的网页。随着时间的流逝,官方标准渐渐趋于严格的语法,但是浏览器继续显示一些远称不上合乎标准的 HTML。

使用 XML 的严格规则的 XHTML(可扩展超文本标记语言)是 W3C 计划中的 HTML 的接替者。虽然很多人认为它已经成为当前的 HTML 标准,但是它实际上是一个独立的、与 HTML 平行发展的标准。W3C 目前的建议是使用 XHTML 1.1、XHTML 1.0 或者 HTML 4.01 进行网络出版。

2.1.3　HTML 的基本结构

完整的 HTML 文件至少包括<HTML>标签、<HEAD>标签、<TITLE>标签和 <BODY>标签,并且这些标签都是成对出现的,开头标签为< >,结束标签为</ >,在这两个标签之间添加内容。通过这些标签中的相关属性可以设置页面的背景色、背景图像等,如图 2-1 所示。

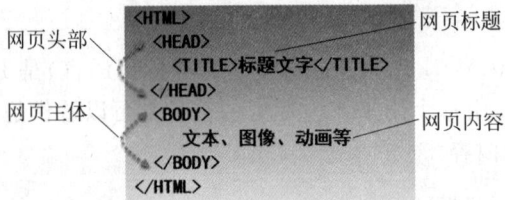

图 2-1　HTML 的基本结构

1. HTML 组成结构

HTML 文档主要由 3 部分组成。

1) HTML 部分

HTML 部分以<HTML>标签开始,以</HTML>标签结束。

结构如下:

```
<HTML>
  ⋮
</HTML>
```

<HTML>标签告诉浏览器这两个标签中间的内容是 HTML 文档。

2）头部

头部以<HEAD>标签开始，以</HEAD>标签结束。这部分包含显示在网页标题栏中的标题和其他在网页中不显示的信息。标题包含在<TITLE>和</TITLE>标签之间。

结构如下：

```
<HEAD>
    <TITLE>...</TITLE>
</HEAD>
```

3）主体部分

主体部分包含在网页中显示的文本、图像和链接。主体部分以<BODY>标签开始，以</BODY>标签结束。

结构如下：

```
<BODY>
    ⋮
</BODY>
```

📖 **小经验** 标签不区分大小写，因此用户可以使用<html>来代替<HTML>，其他标记雷同。

2. 跟我做

使用记事本手工编写 HTML 页面。

编写 HTML 文件有两种方法：一种是利用记事本编写；另一种是在可视化网页制作软件中编写，如 Dreamweaver。下面分别进行讲述。

HTML 是一个以文字为基础的语言，并不需要什么特殊的开发环境，可以直接在 Windows 自带的记事本中编写。HTML 文档以.html 为扩展名，将 HTML 源代码输入记事本并保存，可以在浏览器中打开文档以查看其效果。使用记事本手工编写 HTML 页面的具体操作步骤如下。

（1）在 Windows 系统下，执行"开始"→"所有程序"→"附件"→"记事本"命令，新建一个记事本，在记事本中输入代码如下：

```
<html>
<head>
    <title>欢迎来到我的主页</title>
</head>
<body>
    <h1><b>静态网页课程</b></h1>
    <p>第一章  网页设计基础</p>
    <p>第二章  网页标记语言 HTML</p>
    <p>第三章  使用 Dreamweaver CS5 进行网页设计</p>
    <p>第四章  应用 CSS</p>
    <hr/>
```

```
</body>
</html>
```

（2）编写完 HTML 文件后，执行"文件"→"保存"菜单命令，弹出"另存为"对话框，在该对话框中选择保存的路径，在"文件名"输入框中输入 index.htm，文件的扩展名为.htm或.html，如图 2-2 所示。

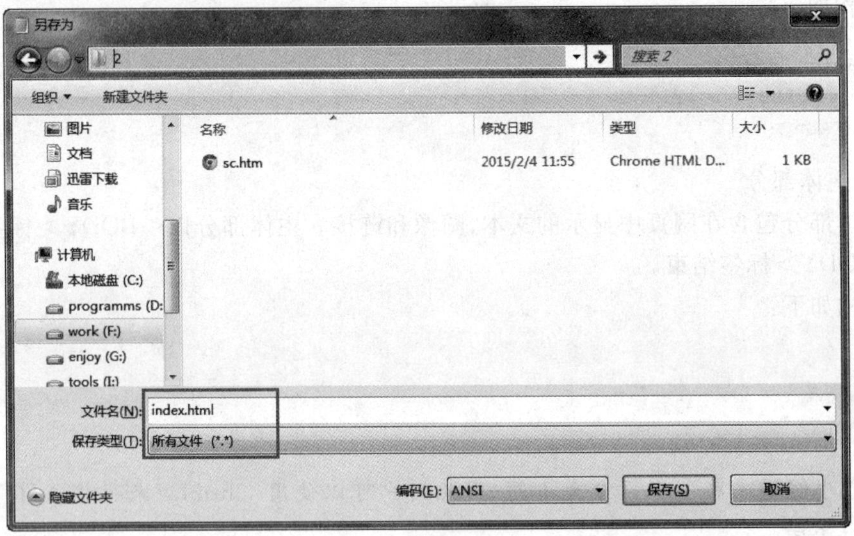

图 2-2   "另存为"对话框

（3）单击"保存"按钮，这时该文本文件就变成了 HTML 文件，在浏览器中浏览效果如图 2-3 所示。

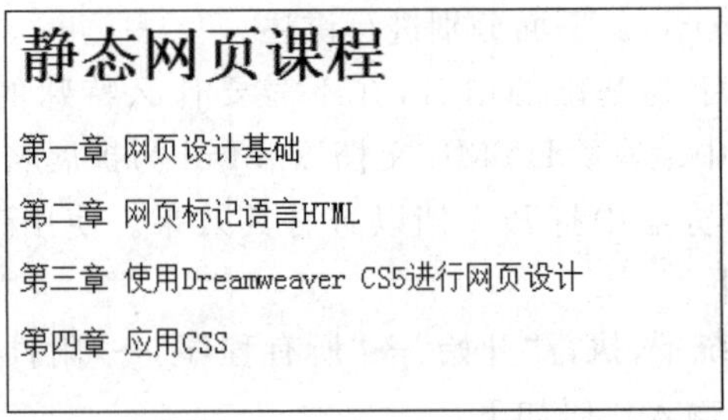

静态网页课程

第一章 网页设计基础

第二章 网页标记语言HTML

第三章 使用Dreamweaver CS5进行网页设计

第四章 应用CSS

图 2-3   网页基本结构

2.1.4   HTML 的语法规则

HTML 的主要语法是元素和标签。元素是符合文档类型定义的文档组成部分，如title（文档标题）、IMG（图像）、table（表格）等。元素名不区分大小写。HTML 用标签来规定元素的属性及其在文档中的位置。

标签分单独出现的标签和成对出现的标签两种。大多数的标签是成对出现的，由首标签和尾标签组成。首标签的格式为＜元素名＞，尾标签的格式为＜/元素名＞。成对标签用于规定元素所含的范围,如<title>和</title>标签用来界定标题元素的范围,也就是说,<title>和</title>之间的部分是该 HTML 文档的标题。

单独标签的格式为<元素名>,它的作用是在相应的位置插入元素。如
标签表示在该标签所在位置插入一个换行符。

大多数标记都包含有多个属性,通过这些属性可以对作用的内容进行更多的控制。在 HTML 语言中,所有属性都放置在开始标记的尖括号内。

结构如下:

<标记名 属性名=属性值 属性名=属性值>文本</标记名>

示例代码如下:

<Font Face="宋体" Size="2">静态网页</Font>

说明 标记名为 Font。Font 的属性有 Face 和 Size。Face 属性值为"宋体",Size 属性置为 2。

2.1.5 综合案例 1

使用记事本编写 HTML 页面,页面显示荷花的介绍和相关图片。
操作步骤如下。

(1) 在 Windows 系统下,执行"开始"→"所有程序"→"附件"→"记事本"命令,新建一个记事本,在记事本中输入代码如下:

```
<html>
<head>
    <title>荷花</title>
</head>
<body>
    <h1 align="center"><b>荷花</b></h1>
    <hr/>
    <p>  荷花(Lotus flower):属毛茛目睡莲科,是莲属二种植物的通称。又名
    莲花、水芙蓉等。是莲属多年生水生草本花卉。地下茎长而肥厚,有长节,叶盾圆形。花期 6
    至 9 月,单生于花梗顶端,花瓣多数,嵌生在花托穴内,有红、粉红、白、紫等色,或有彩纹、镶
    边。坚果椭圆形,种子卵形。</p>
    <p><img src="images/he.jpg" width="140" height="180" align="middle"></p>
</body>
</html>
```

(2) 编写完 HTML 文件后,执行"文件"→"保存"菜单命令,弹出"另存为"对话框,在该对话框中选择保存的路径,在"文件名"输入框中输入 Hehua.html,文件的扩展名为.htm 或.html。

(3) 单击"保存"按钮,这时该文本文件就变成了 HTML 文件,在浏览器中浏览效果如图 2-4 所示。

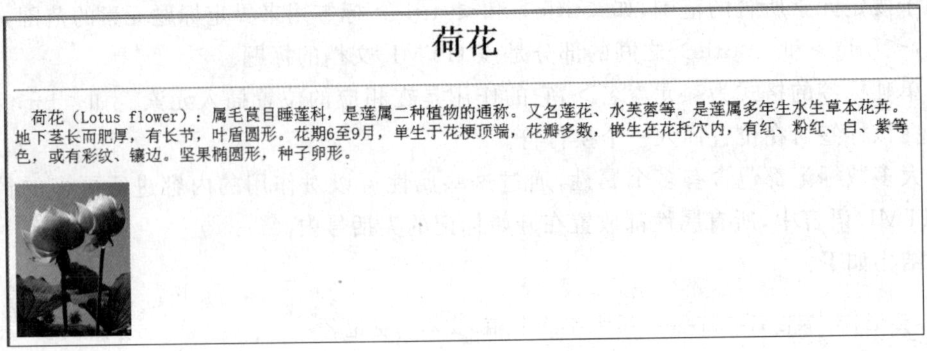

荷花

荷花（Lotus flower）：属毛茛目睡莲科，是莲属二种植物的通称。又名莲花、水芙蓉等。是莲属多年生水生草本花卉。地下茎长而肥厚，有长节，叶盾圆形。花期6至9月，单生于花梗顶端，花瓣多数，嵌生在花托穴内，有红、粉红、白、紫等色，或有彩纹、镶边。坚果椭圆形，种子卵形。

图 2-4　荷花简介网页

2.2　文字与段落标记

　　所有网站中的网页基础大部分是文字，如何对这些文字进行排版是决定网站好坏的一个关键元素，下面一起看看如何在网站中设置文字及段断落标记。

2.2.1　标题标记

　　标题标记＜Hn＞用于设置文档中的标题。标题标签中的 n 代表 1～6 这个范围，＜h1＞ 定义最大的标题，＜h6＞定义最小的标题。

1. 语法格式

＜Hn＞标题文本＜/Hn＞

📖**小经验**　不要利用标题标签来改变同一行中的字体大小。

2. 跟我做

使用记事本手工编写 HTML 页面，实现标题文字的设置。

　　（1）在 Windows 系统下，执行"开始"→"所有程序"→"附件"→"记事本"命令，新建一个记事本，在记事本中输入代码如下：

```
<html>
<head>
    <title>标题标记的使用</title>
</head>
<body>
    <h1>一级标题</h1>
    <h2>二级标题</h2>
    <h3>三级标题</h3>
    <h4>四级标题</h4>
    <h5>五级标题</h5>
    <h6>六级标题</h6>
</body>
</html>
```

（2）编写完 HTML 文件后，执行"文件"→"保存"菜单命令，弹出"另存为"对话框，在该对话框中选择保存的路径，在"文件名"输入框中输入 Hn.html，文件的扩展名为.htm或.html。

（3）单击"保存"按钮，这时该文本文件就变成了 HTML 文件，在浏览器中浏览效果如图 2-5 所示。

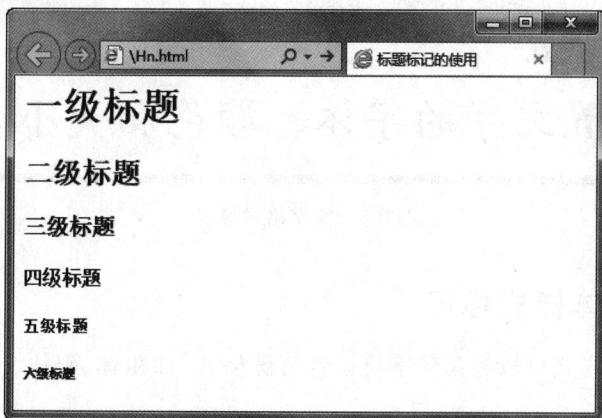

图 2-5　标题设置

2.2.2　文字格式标记

字体标记＜font＞用来设置文本格式，通过属性 face、size 和 color 属性来设置字体、字号和颜色。

1. 语法格式

＜font face="文本的字体" color="文本的颜色" size="文本的大小"＞文本内容＜/font＞

2. 跟我做

使用记事本手工编写 HTML 页面，实现文字格式的设置。

（1）在 Windows 系统下，执行"开始"→"所有程序"→"附件"→"记事本"命令，新建一个记事本，在记事本中输入代码如下：

```
<html>
<head>
    <title>文本的设置</title>
</head>
<body>
    <h1><font face="隶书">文字设置</font></h1>
    <p><font size="7" face="楷体" color="red">设置文字的字体、颜色和大小</font>
    </p>
</body>
</html>
```

（2）编写完 HTML 文件后，执行"文件"→"保存"菜单命令，弹出"另存为"对话框，在该对话框中选择保存的路径,在"文件名"输入框中输入 Font. html,文件的扩展名为. htm 或. html。

(3) 单击"保存"按钮,这时该文本文件就变成了 HTML 文件,在浏览器中浏览效果 如图 2-6 所示。

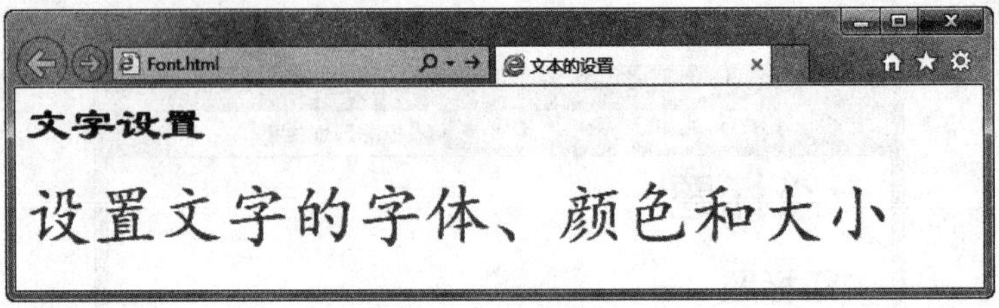

图 2-6　文字格式设置

2.2.3　字体样式标记

通过设置字符样式可以为某些字符设置特殊格式,如粗体、斜体、下划线、删除线、上标、下标等。

1. 语法格式

```
<B>文本内容</B>            粗体
<I>文本内容</I>            斜体
<S>文本内容</S>            删除线
<SMALL>文本内容</SMALL>       小字体
<STRIKE>文本内容</STRIKE>      删除线
<SUP>文本内容</SUP>          上标
<SUB>文本内容</SUB>          下标
<U>文本内容</U>            下划线
```

2. 跟我做

使用记事本手工编写 HTML 页面,实现不同文字样式的设置。

(1) 在 Windows 系统下,执行"开始"→"所有程序"→"附件"→"记事本"命令,新建 一个记事本,在记事本中输入代码如下:

```
<html>
<head>
    <title>文本样式的设置</title>
</head>
<body>
    <B>粗体</B>
    <I>斜体</I>
    <S>删除线</S>
    <SMALL>小字体</SMALL>
    <STRIKE>删除线</STRIKE>
    <SUP>上标</SUP>
    <SUB>下标</SUB>
```

```
    <U>下划线</U>
  </body>
</html>
```

（2）编写完 HTML 文件后，执行"文件"→"保存"菜单命令，弹出"另存为"对话框，在该对话框中选择保存的路径，在"文件名"输入框中输入 Sty.html，文件的扩展名为.htm或.html。

（3）单击"保存"按钮，这时该文本文件就变成了 HTML 文件，在浏览器中浏览效果如图 2-7 所示。

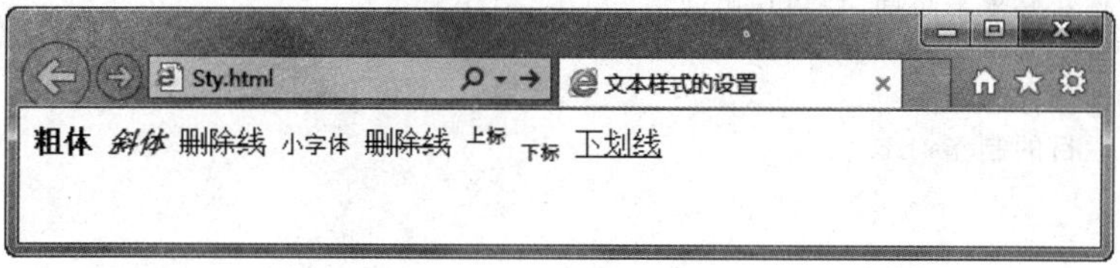

图 2-7　字体样式设置

2.2.4　段落标记和换行标记

分段标记定义了一个段落，使用该标记后，内容隔一行显示。大多数情况下，都采用段落标记来分隔文本。但有时可能会希望内容另起一行，但在新行与上一行之间并不空出一行间距，在逻辑上还属于一段。在这种情况下，最好使用分行标志符换行标记。

1. 语法格式

1）段落标记

```
<P align="文本对齐方式">和</P>
```

说明　align 表示这个段落的对齐方式，有 left、right、center、justify 这 4 个值。

left：左对齐内容。

right：右对齐内容。

center：居中对齐内容。

justify：对行进行伸展，这样每行都可以有相等的长度（就像在报纸和杂志中）。

2）换行标记

```
<br>
```

说明　该标记放在需要换行的后面。
 标签是空标签，它没有结束标签，因此
</br>是错误的。

2. 跟我做

使用记事本手工编写 HTML 页面，实现文字段落和换行的设置。

（1）在 Windows 系统下，执行"开始"→"所有程序"→"附件"→"记事本"命令，新建一个记事本，在记事本中输入代码如下：

```
<html>
<head>
    <title>分段和换行</title>
</head>
<body>
    <h2>网页布局</h2>
    <p>    做网页之前,我们首页要先设想出网页的样子,就是网页
的大体布局形式,根据布局来设计网页能加快我们的设计速度。</p>
    <p>    对网站页面整体布局就意味着,我们在设计的时候要根
据我们的布局来设计,所以我们在网站整体布局的时候要考虑清楚,要根据方案书的具体分
析和栏目要求来布局,要体现出简洁、大方。</p>
    (1) 新建网页<br>
    (2) 制作标志<br>
    (3) 栏目的制作<br>
</body>
</html>
```

(2) 编写完 HTML 文件后,执行"文件"→"保存"菜单命令,弹出"另存为"对话框,在
该对话框中选择保存的路径,在"文件名"输入框中输入 Pb.html,文件的扩展名为.htm
或.html。

(3) 单击"保存"按钮,这时该文本文件就变成了 HTML 文件,在浏览器中浏览效果
如图 2-8 所示。

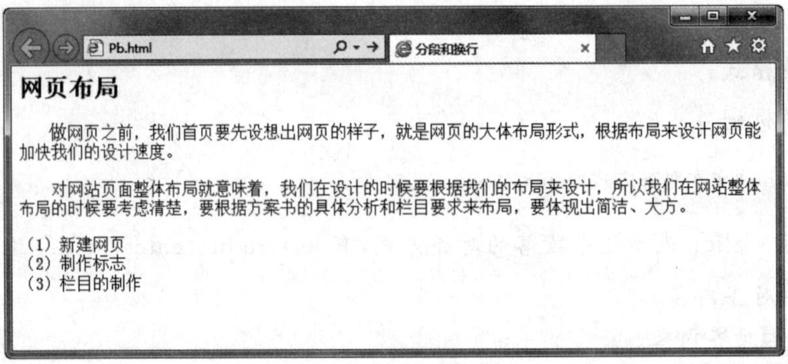

图 2-8   段落和换行设置

2.2.5   水平线标记

水平线标记是在 HTML 页面中创建一条水平线。水平分隔线可以在视觉上将文档
分隔成各个部分。

1. 语法格式

<Hr width="宽度" noshade="阴影" align="对齐" color="颜色">

2. 跟我做

使用记事本手工编写 HTML 页面,实现水平线标记的设置。

(1) 在 Windows 系统下,执行"开始"→"所有程序"→"附件"→"记事本"命令,新建

一个记事本,在记事本中输入代码如下:

```
<html>
<head>
    <title>水平线</title>
</head>
<body>
    <p>1. 水平线居中对齐,颜色为红色,宽度为 500px</p>
    <hr align="center" width="500" color="#FF0000"/>
    <p>2. 水平线右对齐,颜色为蓝,宽度为 800px</p>
    <hr align="right" width="800" color="#0000FF"/>
    <p>3. 水平线无阴影</p>
    <hr noshade/>
    <p>4. 水平线有阴影</p>
    <hr/>
</body>
</html>
```

(2) 编写完 HTML 文件后,执行"文件"→"保存"菜单命令,弹出"另存为"对话框,在该对话框中选择保存的路径,在"文件名"输入框中输入 Hr.html,文件的扩展名为 .htm 或 .html。

(3) 单击"保存"按钮,这时该文本文件就变成了 HTML 文件,在浏览器中浏览效果如图 2-9 所示。

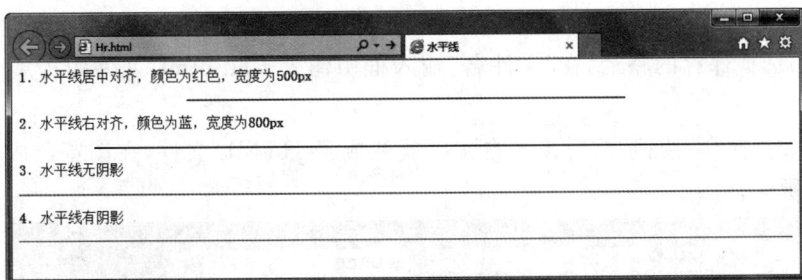

图 2-9 水平线设置

2.2.6 综合案例 2

使用记事本编写 HTML 页面,页面显示荷花的诗句。

操作步骤如下。

(1) 在 Windows 系统下,执行"开始"→"所有程序"→"附件"→"记事本"命令,新建一个记事本,在记事本中输入代码如下:

```
<html>
<head>
    <title>综合案例</title>
</head>
<body background="images/bg.gif">
<h1 align="center">莲花</h1>
<hr color="#FF0000">
<p align="center">
```

```
<font size="+ 2" color="#3300FF"><b>采 莲 曲</b></font><br>
<font size="+ 1" color="red">[唐]王昌龄</font><br>
<font size="+ 2" face="华文行楷">
    荷叶罗裙一色裁<br>
    芙蓉向脸两边开<br>
    乱入池中看不见<br>
    闻歌始觉有人来<br>
</font>
</p>
<hr width="300">
<p align="center">
<font size="+ 2" color="#3300FF"><b>莲花</b></font><br>
<font size="+ 1" color="red">[唐]温庭筠</font><br>
<font size="+ 2" face="华文隶书">
    绿塘摇滟接星津<br>
    轧轧兰桡入白蘋<br>
    应为洛神波上袜<br>
    至今莲蕊有香尘<br>
</font>
</p>
</body>
</html>
```

📖**小经验** HTML 中的标签可以嵌套使用。

（2）编写完 HTML 文件后，执行"文件"→"保存"菜单命令，弹出"另存为"对话框，在该对话框中选择保存的路径，在"文件名"输入框中输入 LH. html，文件的扩展名为. htm 或. html。

（3）单击"保存"按钮，这时该文本文件就变成了 HTML 文件，在浏览器中浏览效果如图 2-10 所示。

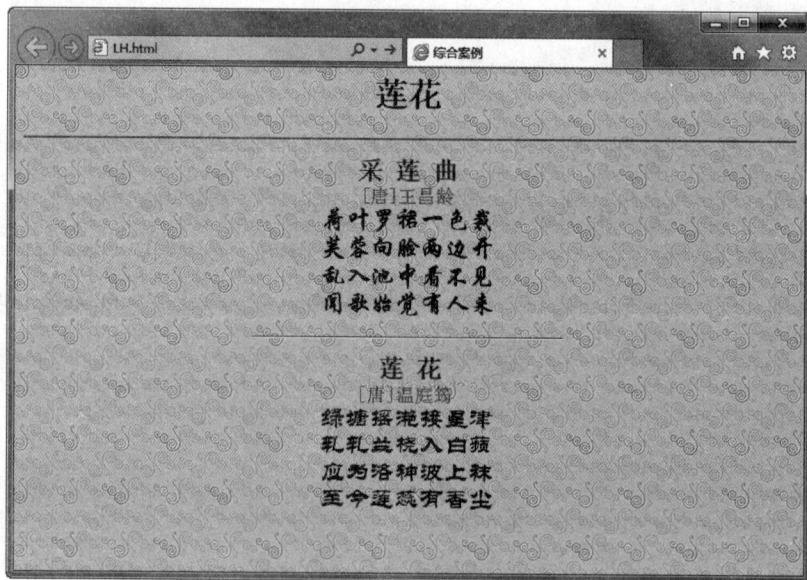

图 2-10　诗词网页

2.3 清单标记

2.3.1 无序清单标记

无序列表是一个项目的列表,此列项目使用粗体圆点、空心圆和方块进行标记。

1. 语法格式

```
<UL TYPE="项目符号">
  <LI>列表项 1
    ⋮
  <LI>列表项 n
</UL>
```

> 🔷 **说明** TYPE 属性用于指定列表项前面显示的项目符号,其取值可以是 disc、

circle、square。

disc:使用实心圆作为项目符号(默认值)。

circle:使用空心圆作为项目符号。

square:使用方块作为项目符号。

2. 跟我做

使用记事本手工编写 HTML 页面,实现无序列表的设置。

(1)在 Windows 系统下,执行"开始"→"所有程序"→"附件"→"记事本"命令,新建一个记事本,在记事本中输入代码如下:

```
<html>
<head>
    <title>无序列表</title>
</head>
<body>
饮品
<ul type="square">
  <li>咖啡</li>
  <li>茶</li>
  <li>牛奶</li>
</ul>
糕点
<ul type="circle">
  <li>蜂蜜蛋糕</li>
  <li>蛋挞</li>
  <li>果仁面包</li>
</ul>
</body>
</html>
```

(2)编写完 HTML 文件后,执行"文件"→"保存"菜单命令,弹出"另存为"对话框,在该对话框中选择保存的路径,在"文件名"输入框中输入 UL.html,文件的扩展名为.htm

或.html。

（3）单击"保存"按钮,这时该文本文件就变成了 HTML 文件,在浏览器中浏览效果如图 2-11 所示。

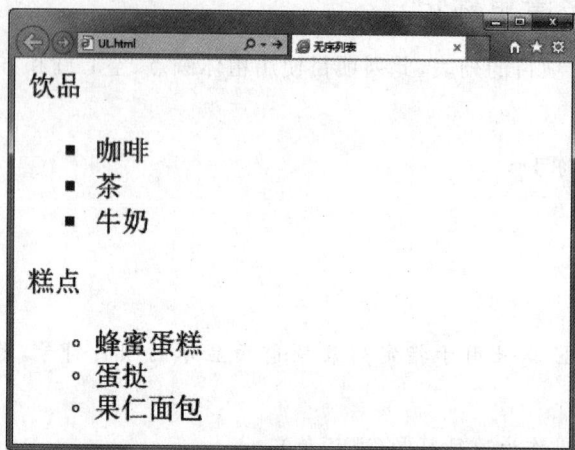

图 2-11　无序清单设置

2.3.2　有序清单标记

有序列表是一列项目,列表项目使用数字、字母进行标记。

1. 语法格式

```
<OL Start="起始值" Type="序列样式">
  <LI>列表项 1
    ⋮
  <LI>列表项 n
</OL>
```

◆ **说明**　Start 属性用于数字序列的起始值,可以取整数值。

Type 属性用于设置数字序列样式,其取值可以是 1、A。

1 表示阿拉伯数字 1、2、3 等,此为默认值。

A 表示大写字母 A、B、C 等。

2. 跟我做

使用记事本手工编写 HTML 页面,实现有序列表的设置。

（1）在 Windows 系统下,执行"开始"→"所有程序"→"附件"→"记事本"命令,新建一个记事本,在记事本中输入代码如下:

```
<html>
<head>
    <title>有序列表</title>
</head>
<body>
```

```
原料
<ol type="A">
    <li>绿豆面</li>
    <li>粉条</li>
    <li>五香粉</li>
</ol>
制作步骤
<ol type="1" start="10">
    <li>泡粉条</li>
    <li>和豆面</li>
    <li>炸丸子</li>
    <li>煮丸子汤</li>
</ol>
</body>
</html>
```

（2）编写完 HTML 文件后，执行"文件"→"保存"菜单命令，弹出"另存为"对话框，在该对话框中选择保存的路径，在"文件名"输入框中输入 OL.html，文件的扩展名为.htm或.html。

（3）单击"保存"按钮，这时该文本文件就变成了 HTML 文件，在浏览器中浏览效果如图 2-12 所示。

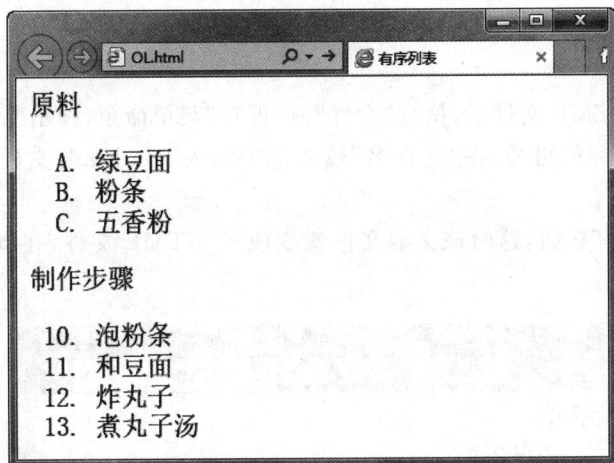

图 2-12 有序列表设置

2.3.3 自定义清单标记

自定义列表不仅仅是一列项目，而是项目及其注释的组合。自定义列表以 <dl> 标签开始。每个自定义列表项以 <dt> 开始。每个自定义列表项的定义以 <dd> 开始

1. 语法格式

```
<dl>
    <dt>列表项</dt>
    <dd>列表项的定义</dd>
```

```
    </dl>
```

2. 跟我做

使用记事本手工编写 HTML 页面，实现自定义列表的设置。

（1）在 Windows 系统下，执行"开始"→"所有程序"→"附件"→"记事本"命令，新建一个记事本，在记事本中输入代码如下：

```
<html>
<head>
    <title>自定义列表</title>
</head>
<body>
<dl>
  <dt>手机</dt>
    <dd>Apple</dd>
    <dd>三星</dd>
    <dd>小米</dd>
  <dt>平板</dt>
    <dd>澳大</dd>
    <dd>苹果</dd>
    <dd>康柏</dd>
</dl>
</body>
</html>
```

（2）编写完 HTML 文件后，执行"文件"→"保存"菜单命令，弹出"另存为"对话框，在该对话框中选择保存的路径，在"文件名"输入框中输入 DL.html，文件的扩展名为.htm 或.html。

（3）单击"保存"按钮，这时该文本文件就变成了 HTML 文件，在浏览器中浏览效果如图 2-13 所示。

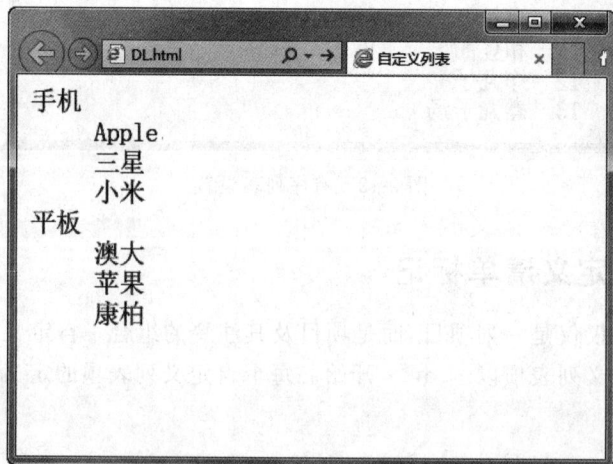

图 2-13　自定义列表

2.3.4 综合案例 3

使用记事本编写 HTML 页面,页面显示诗词列表。

操作步骤如下。

(1) 在 Windows 系统下,执行"开始"→"所有程序"→"附件"→"记事本"命令,新建一个记事本,在记事本中输入代码如下:

```
<html>
<head>
    <title>列表综合应用</title>
</head>
<body>
<h4>诗词大全</h4>
<ul>
  <li>田园诗
    <ol>
    <li>王维
        <ul type="circle">
            <li>山中</li>
            <li>终南别业</li>
        </ul>
    </li>
    <li>李白
        <ul type="circle">
            <li>下终南山过斛斯山人宿置酒</li>
        </ul>
    </li>
    <li>孟浩然
        <ul type="circle">
            <li>过故人庄</li>
            <li>田园作</li>
        </ul>
    </li>
    </ol>
  </li>
  <li>送别诗
    <ol>
    <li>王维
        <ul type="circle">
            <li>送别</li>
            <li>渭城曲</li>
        </ul>
    </li>
    <li>李白
        <ul type="circle">
            <li>赠汪伦</li>
```

```
            <li>送友人</li>
        </ul>
    </li>
    <li>白居易
        <ul type="circle">
            <li>赋得古原草送别</li>
            <li>南浦别</li>
        </ul>
    </li>
    </ol>
    </li>
</ul>
</body>
</html>
```

（2）编写完 HTML 文件后，执行"文件"→"保存"菜单命令，弹出"另存为"对话框，在该对话框中选择保存的路径，在"文件名"输入框中输入 liebiao.html，文件的扩展名为.htm 或.html。

（3）单击"保存"按钮，这时该文本文件就变成了 HTML 文件，在浏览器中浏览效果如图 2-14 所示。

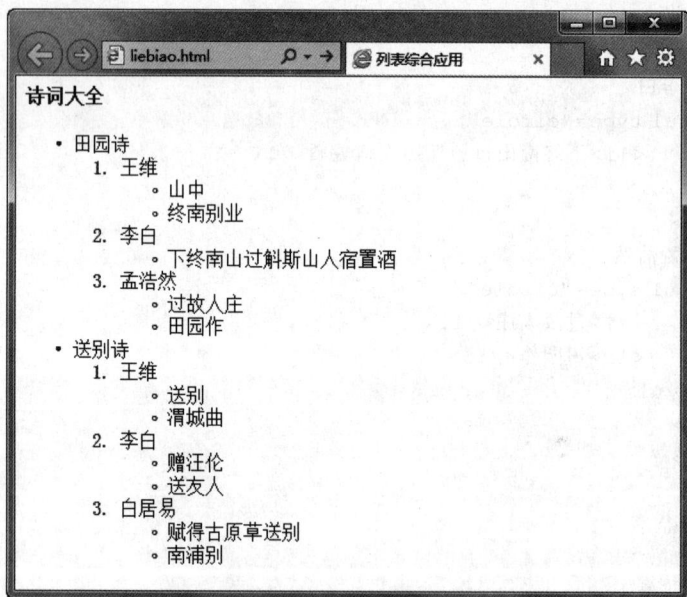

图 2-14 列表应用

2.4 表格标记

在网页中表格可以用来组织数据，方便查询和浏览。同时表格还可以清晰地以列表形式显示网页中的元素，辅助网页进行布局排版，有效地利用表格可以让网页的页面看起来有条理。本节将详细讲述表格标记的使用。

2.4.1 表格的基本使用

1. 语法格式

```
<table>
  <tr>
    <th>表格标题 1</th><th>表格标题 2</th>...<th>表格标题 n</th>
  </tr>
  <tr>
    <td>单元格 1</td><td>单元格 2</td>...<td>单元格 n</td>
  </tr>
</table>
```

说明 ＜table＞标签定义 HTML 表格。简单的 HTML 表格由 table 元素以及一个或多个 tr、th 或 td 元素组成。

tr 元素定义表格行，th 元素定义表头，td 元素定义表格单元。

2. 表格 Table 的常用属性

创建表格时，可以通过标记的下列属性来对表格的格式进行设置。

（1）ALIGN：表格在页面的对齐方式，包括 left、center 或 right。

（2）BACKGROUND：指定用作表格背景图片的 URL 地址。

（3）BGCOLOR：指定表格的背景颜色。

（4）BORDER：表格边框的宽度单位（像素）。默认值为 0。

（5）WIDTH：指定表格的宽度，以像素或百分比为单位。

3. 表格行 TR 的常用属性

表格中的每一行是用 TR 标记来定义的，可以通过该标记的下列属性对指定行的格式进行设置。

（1）ALIGN：行中的水平对齐方式，值为 left（默认值）、center 或 right。

（2）BGCOLOR：指定行的背景颜色。

（3）VALIGN：行中单元格的垂直对齐方式，该属性的取值可以是 top（顶端对齐）、middle（居中对齐）、bottom（底端对齐）或 baseline（基线对齐）。

4. 单元格 TD 的常用属性

通过 TD 标记的下列属性可以对指定单元格的格式进行设置。

（1）ALIGN：指定单元格内文本的水平对齐方式，取值为 left（默认值）、center 或 right。

（2）BGCOLOR：指定单元格的背景颜色。

（3）COLSPAN：合并单元格时一个单元格跨越的列数。

（4）ROWSPAN：合并单元格时一个单元格跨越的行数。

5. 跟我做

使用记事本手工编写 HTML 页面，实现表格的设置。

（1）在 Windows 系统下，执行"开始"→"所有程序"→"附件"→"记事本"命令，新建一个记事本，在记事本中输入代码如下：

```html
<html>
<head>
    <title>表格应用</title>
</head>
<body>
<table border="1" width="500" align="center">
  <tr>
    <th>序号</th>
    <th>姓名</th>
    <th>成绩</th>
  </tr>
  <tr>
    <td>1</td>
    <td>汤艳艳</td>
    <td>85</td>
  </tr>
  <tr>
    <td>2</td>
    <td>袁琦</td>
    <td>90</td>
  </tr>
</table>
<P>
<table border="0" width="300" align="center" bgcolor="#66FF99">
  <tr align="center">
    <th>序号</th>
    <th>姓名</th>
    <th>成绩</th>
  </tr>
  <tr align="center">
    <td>1</td>
    <td>汤艳艳</td>
    <td>85</td>
  </tr>
  <tr align="center">
    <td>2</td>
    <td>袁琦</td>
    <td>90</td>
  </tr>
</table>
<P>
<table border="1" width="500" align="center" background="images/bg1.jpg"
bordercolor="#0000FF">
  <tr align="center">
    <th>序号</th>
    <th>姓名</th>
```

```
      <th>成绩</th>
    </tr>
    <tr align="center">
      <td>1</td>
      <td>汤艳艳</td>
      <td>85</td>
    </tr>
    <tr align="center">
      <td>2</td>
      <td>袁琦</td>
      <td>90</td>
    </tr>
</table>
</body>
</html>
```

（2）编写完 HTML 文件后，执行"文件"→"保存"菜单命令，弹出"另存为"对话框，在该对话框中选择保存的路径，在"文件名"输入框中输入 Table1.html，文件的扩展名为.htm 或.html。

（3）单击"保存"按钮，这时该文本文件就变成了 HTML 文件，在浏览器中浏览效果如图 2-15 所示。

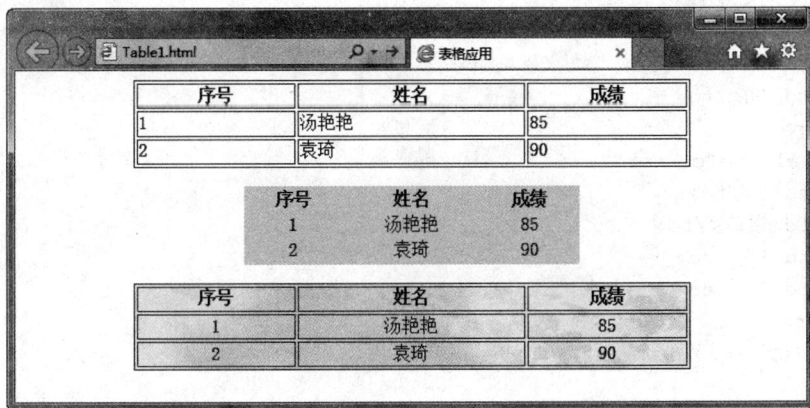

图 2-15 表格应用

2.4.2 合并单元格

TD 标记中的 COLSPAN 和 ROWSPAN 两个属性用来合并单元格。COLSPAN 的值为合并单元格时一个单元格跨越的列数；ROWSPAN 的值为合并单元格时一个单元格跨越的行数。

1. 语法格式

```
<td rowspan="合并行数">...</td>
<td colspan="合并列数">...</td>
```

2. 跟我做

使用记事本手工编写 HTML 页面,实现表格单元格的合并设置。

(1) 在 Windows 系统下,执行"开始"→"所有程序"→"附件"→"记事本"命令,新建一个记事本,在记事本中输入代码如下:

```
<html>
<head>
    <title>表格应用</title>
</head>
<body>
<table border="1" width="500" align="center">
  <tr>
    <th width="96" rowspan="2">序号</th>
    <th width="118" rowspan="2">姓名</th>
    <th colspan="2">成绩</th>
  </tr>
  <tr align="center">
    <td width="127">语文</td>
    <td width="131">数学</td>
  </tr>
  <tr align="center">
    <td>1</td>
    <td>汤艳艳</td>
    <td>85</td>
    <td>90</td>
  </tr>
  <tr align="center">
    <td>2</td>
    <td>袁琦</td>
    <td>90</td>
    <td>85</td>
  </tr>
</table>
<P>
</body>
</html>
```

(2) 编写完 HTML 文件后,执行"文件"→"保存"菜单命令,弹出"另存为"对话框,在该对话框中选择保存的路径,在"文件名"输入框中输入 Table2.html,文件的扩展名为.htm 或.html。

(3) 单击"保存"按钮,这时该文本文件就变成了 HTML 文件,在浏览器中浏览效果如图 2-16 所示。

2.4.3　表格边框设置

对表格和文本进行边框设置,可以实现各种美观的页面效果。在设置过程中需要灵活地运用边框宽度、边框间距、边框填充等属性。

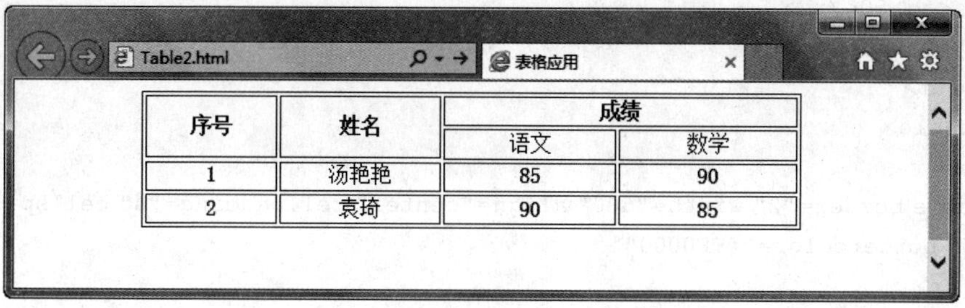

图 2-16 合并单元格

1. 语法格式

```
<table border="边框宽度" cellpadding="填充范围" cellspacing="单元格间距">...
</table>
```

🖤**说明** cellpadding 指边框的填充范围,是表格内部内容与表格边线的距离。cellspacing 指不同单元格之间的间距。

2. 跟我做

使用记事本手工编写 HTML 页面,实现表格边框的设置。

(1) 在 Windows 系统下,执行"开始"→"所有程序"→"附件"→"记事本"命令,新建一个记事本,在记事本中输入代码如下:

```
<html>
<head>
    <title>表格边框设置</title>
</head>
<body>
<table border="3" width="500" align="center">
 <tr>
   <th width="96" rowspan="2">序号</th>
   <th width="118" rowspan="2">姓名</th>
   <th colspan="2">成绩</th>
 </tr>
 <tr align="center">
   <td width="127">语文</td>
   <td width="131">数学</td>
 </tr>
 <tr align="center">
   <td>1</td>
   <td>汤艳艳</td>
   <td>85</td>
   <td>90</td>
 </tr>
 <tr align="center">
   <td>2</td>
   <td>袁琦</td>
```

```
      <td>90</td>
      <td>85</td>
    </tr>
  </table>
  <P>
  <table border="2" width="500" align="center" cellpadding="4" cellspacing=
  "10" bordercolor="#FF0000">
    <tr>
      <th width="96" rowspan="2">序号</th>
      <th width="118" rowspan="2">姓名</th>
      <th colspan="2">成绩</th>
    </tr>
    <tr align="center">
      <td width="127">语文</td>
      <td width="131">数学</td>
    </tr>
    <tr align="center">
      <td>1</td>
      <td>汤艳艳</td>
      <td>85</td>
      <td>90</td>
    </tr>
    <tr align="center">
      <td>2</td>
      <td>袁琦</td>
      <td>90</td>
      <td>85</td>
    </tr>
  </table>
  <p> </p>
  <table border="1" width="500" align="center" cellpadding="6" cellspacing=
  "0" bordercolor="#3333FF">
    <tr>
      <th width="96" rowspan="2">序号</th>
      <th width="118" rowspan="2">姓名</th>
      <th colspan="2">成绩</th>
    </tr>
    <tr align="center">
      <td width="127">语文</td>
      <td width="131">数学</td>
    </tr>
    <tr align="center">
      <td>1</td>
      <td>汤艳艳</td>
      <td>85</td>
```

```
            <td>90</td>
        </tr>
        <tr align="center">
            <td>2</td>
            <td>袁琦</td>
            <td>90</td>
            <td>85</td>
        </tr>
    </table>
    </body>
    </html>
```

（2）编写完 HTML 文件后，执行"文件"→"保存"菜单命令，弹出"另存为"对话框，在该对话框中选择保存的路径，在"文件名"输入框中输入 Table3.html，文件的扩展名为 .htm 或.html。

（3）单击"保存"按钮，这时该文本文件就变成了 HTML 文件，在浏览器中浏览效果如图 2-17 所示。

图 2-17　表格边框设置

2.4.4　综合案例 4

使用记事本编写 HTML 页面，页面显示表格。

操作步骤如下。

（1）在 Windows 系统下，执行"开始"→"所有程序"→"附件"→"记事本"命令，新建一个记事本，在记事本中输入代码如下：

```
<html>
<head>
   <title>表格应用</title>
</head>
<body>
<table border="0" width="566" align="center" cellspacing="10">
  <tr>
    <th height="32" colspan="2"  bgcolor="#FFCC00">李白</th>
    <th colspan="2" bgcolor="#FFCC00">杜甫</th>
  </tr>
  <tr align="center">
    <td width="128" height="209"><p><strong>《望庐山瀑布》</strong><br>
    日照香炉生紫烟,<br>
    遥看瀑布挂前川。<br>
    飞流直下三千尺,<br>
    疑是银河落九天。</p></td>
    <td width="129"><strong>《早发白帝城》</strong><br>
    朝辞白帝彩云间,<br>
    千里江陵一日还。<br>
    两岸猿声啼不住,<br>
    轻舟已过万重山。</td>
    <td width="132" background="images/dufu.jpg"> </td>
    <td width="119"><strong>《八阵图》</strong><br>
    功盖三分国,<br>
    名成八阵图。<br>
    江流石不转,<br>
    遗恨失吞吴。</td>
  </tr>
  <tr align="center">
    <td height="219"><strong>《赠汪伦》</strong><br>
    李白乘舟将欲行,<br>
    忽闻岸上踏歌声。<br>
    桃花潭水深千尺,<br>
    不及汪伦送我情。</td>
    <td background="images/libai.jpg"> </td>
    <td><strong>《春夜喜雨》</strong><br>
    好雨知时节,<br>
    当春乃发生。<br>
    随风潜入夜,<br>
    润物细无声。<br>
    野径云俱黑,<br>
    江船火独明。<br>
    晓看红湿处,<br>
    花重锦官城。</td>
    <td><strong>《春望》</strong><br>
    国破山河在,<br>
```

```
            城春草木深。<br>
            感时花溅泪,<br>
            恨别鸟惊心。<br>
            烽火连三月,<br>
            家书抵万金。<br>
            白头搔更短,<br>
            浑欲不胜簪。</td>
    </tr>
</table>
<P>
</body>
</html>
```

（2）编写完 HTML 文件后,执行"文件"→"保存"菜单命令,弹出"另存为"对话框,在该对话框中选择保存的路径,在"文件名"输入框中输入 Table4.html,文件的扩展名为 .htm 或.html。

（3）单击"保存"按钮,这时该文本文件就变成了 HTML 文件,在浏览器中浏览效果如图 2-18 所示。

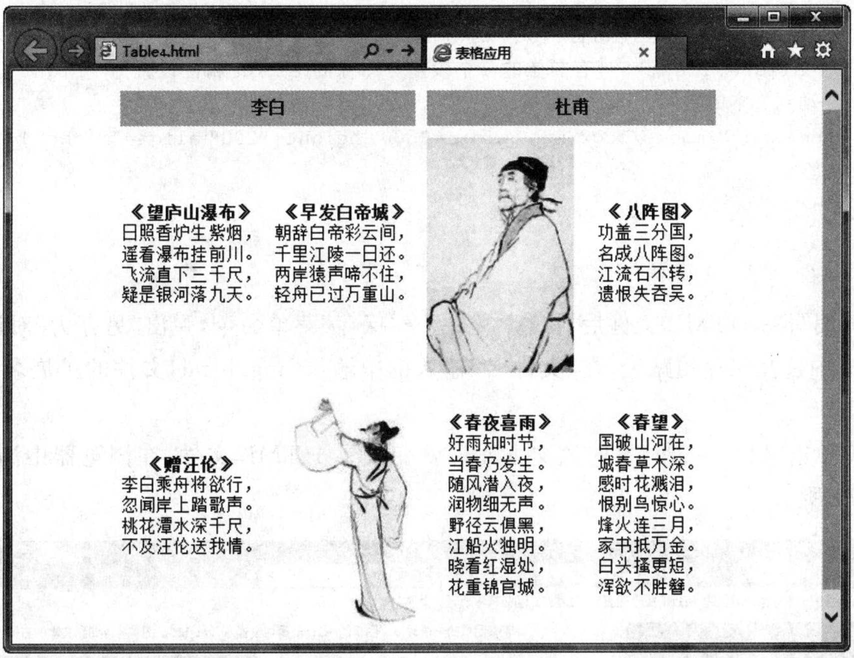

图 2-18　表格综合应用

2.5　图形和多媒体标记

网页中常见的元素就是文字和图像。图像包括图形、动画和视频。本节将学习网页中图像元素的插入。

2.5.1　图形标记

1. 语法格式

```
<Img src="图形文件路径及文件名" alt="提示文本" border="边框宽度" align="对齐
方式" width="宽度" height="高度">
```

2. 跟我做

使用记事本手工编写 HTML 页面,在网页中插入图片。

(1) 在 Windows 系统下,执行"开始"→"所有程序"→"附件"→"记事本"命令,新建一个记事本,在记事本中输入代码如下:

```
<html>
<head>
    <title>插入图片</title>
</head>
<body>
    <p>带有图像的一个段落。图像的 align 属性设置为 "left"。图像将浮动到文本的左侧。
    </p>
    <img src="images/dog1.jpg" width="300" height="200" align="left">
    <p align="right">带有图像的一个段落。图像的 align 属性设置为 "right"。图像将
    浮动到文本的右侧。</p>
    <img src="images/dog2.jpg" width="300" height="200" align="right" border=
    "5">
    <P>
</body>
</html>
```

(2) 编写完 HTML 文件后,执行"文件"→"保存"菜单命令,弹出"另存为"对话框,在该对话框中选择保存的路径,在"文件名"输入框中输入 Img.html,文件的扩展名为.htm 或.html。

(3) 单击"保存"按钮,这时该文本文件就变成了 HTML 文件,在浏览器中浏览效果如图 2-19 所示。

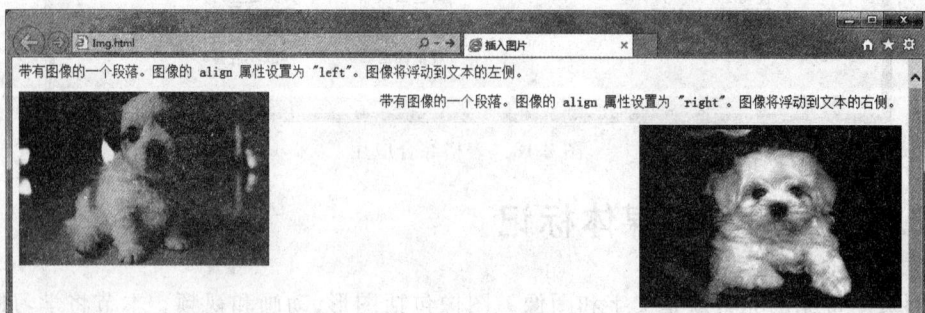

图 2-19　图片设置

2.5.2 播放多媒体

Img 标记不仅用于在网页中插入图像,也可以用于播放多媒体文件(.avi)。

1. 语法格式

`<Img  DYNSRC="多媒体文件路径及文件名" Start="开始时间">`

说明

DYNSRC:指定要播放的多媒体文件的 URL。

Start:指定何时开始播放多媒体文件,其取值可以是 fileopen 或 mouseover。

2. 跟我做

使用记事本手工编写 HTML 页面,实现 AVI 文件的播放。

(1) 在 Windows 系统下,执行"开始"→"所有程序"→"附件"→"记事本"命令,新建一个记事本,在记事本中输入代码如下:

```
<html>
<head>
    <title>avi播放</title>
</head>
<body>
    <img dynsrc="images\video.avi" start="fileopen">
</body>
</html>
```

(2) 编写完 HTML 文件后,执行"文件"→"保存"菜单命令,弹出"另存为"对话框,在该对话框中选择保存的路径,在"文件名"输入框中输入 Img2.html,文件的扩展名为.htm 或.html。

(3) 单击"保存"按钮,这时该文本文件就变成了 HTML 文件,在浏览器中浏览效果如图 2-20 所示。

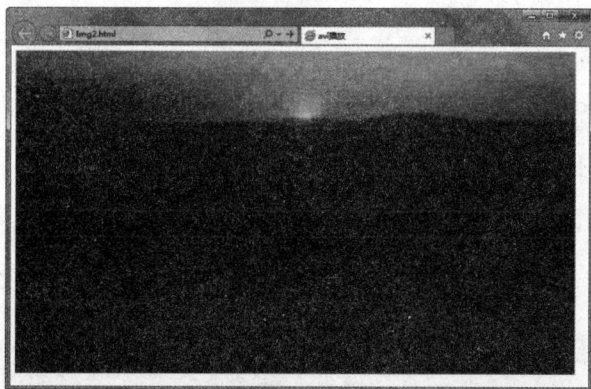

图 2-20　播放多媒体

2.5.3　Embed 标记

Embed 标记定义嵌入的内容，可以使用该标记在网页中插入音乐、视频、动画格式的文件。

1. 语法格式

```
<embed src="嵌入文件路径及文件名" width="宽度"  height="高度" />
```

♠ **说明**　embed 可以用来插入各种多媒体，格式可以是 Midi、WAV、AIFF、AU、MP3 等。

2. 常用属性介绍

1）自动播放

语法格式：

```
autostart=true/false
```

♠ **说明**　该属性规定音频或视频文件是否在下载完之后就自动播放。

true：音乐文件在下载完之后自动播放。

false：音乐文件在下载完之后不自动播放。

2）循环播放

语法格式：

```
loop=正整数/true/false
```

♠ **说明**　该属性规定音频或视频文件是否循环及循环次数。

属性值为正整数值时，音频或视频文件的循环次数与正整数值相同。

属性值为 true 时，音频或视频文件循环。

属性值为 false 时，音频或视频文件不循环。

3）面板显示

语法格式：

```
hidden=true/no
```

♠ **说明**　该属性规定控制面板是否显示。默认值为 no。

true：隐藏面板。

no：显示面板。

4）开始时间

语法格式：

```
starttime=mm:ss(分：秒)
```

♠ **说明**　该属性规定音频或视频文件开始播放的时间。未定义则从文件开头播放。

5）音量大小

语法格式：

volume=0-100之间的整数

🖤 **说明** 该属性规定音频或视频文件的音量大小。未定义则使用系统本身的设定。

6）容器属性

语法格式：

height=#width=#

🖤 **说明** 取值为正整数或百分数，单位为像素。该属性规定控制面板的高度和宽度。

height：控制面板的高度。

width：控制面板的宽度。

7）容器单位

语法格式：

units=pixels/en

🖤 **说明** 该属性指定高和宽的单位为 pixels 或 en。

8）外观设置

语法格式：

controls=console/smallconsole/playbutton/pausebutton/stopbutton/
volumelever

🖤 **说明** 该属性规定控制面板的外观。默认值是 console。

console：一般正常面板。

smallconsole：较小的面板。

playbutton：只显示播放按钮。

pausebutton：只显示暂停按钮。

stopbutton：只显示停止按钮。

volumelever：只显示音量调节按钮。

9）对象名称

语法格式：

name=#

🖤 **说明** ♯为对象的名称。该属性给对象取名，以便其他对象利用。

10）说明文字

语法格式：

```
title=#
```

👆 **说明**　♯为说明的文字。该属性规定音频或视频文件的说明文字。

11) 前景色和背景色

语法格式：

```
palette=color|color
```

👆 **说明**　该属性表示嵌入的音频或视频文件的前景色和背景色,第一个值为前景色,第二个值为背景色,中间用 | 隔开。color 可以是 RGB 色(RRGGBB),也可以是颜色名,还可以是 transparent(透明)。

12) 对齐方式

语法格式：

```
align=top/bottom/center/baseline/left/right/texttop/middle/
absmiddle/absbottom
```

👆 **说明**　该属性规定控制面板和当前行中的对象的对齐方式。

center：控制面板居中。

left：控制面板居左。

right：控制面板居右。

top：控制面板的顶部与当前行中的最高对象的顶部对齐。

bottom：控制面板的底部与当前行中的对象的基线对齐。

baseline：控制面板的底部与文本的基线对齐。

texttop：控制面板的顶部与当前行中的最高的文字顶部对齐。

middle：控制面板的中间与当前行的基线对齐。

absmiddle：控制面板的中间与当前文本或对象的中间对齐。

absbottom：控制面板的底部与文字的底部对齐。

3. 跟我做

使用记事本手工编写 HTML 页面,实现嵌入内容的设置。

(1) 在 Windows 系统下,执行"开始"→"所有程序"→"附件"→"记事本"命令,新建一个记事本,在记事本中输入代码如下：

```
<html>
<head>
    <title>embed内容嵌入</title>
</head>
<body>
    <P>播放 swf 格式文件,自动播放</P>
    <embed src="images/tuo.swf" autostart="true">
    <P>播放 mp4 格式文件,自动播放</P>
    <embed src="images/film1.mp4" autostart="true" controls=control>
```

```
</body>
</html>
```

（2）编写完 HTML 文件后，执行“文件”→“保存”菜单命令，弹出“另存为”对话框，在该对话框中选择保存的路径，在“文件名”输入框中输入 Embed.html，文件的扩展名为.htm 或.html。

（3）单击“保存”按钮，这时该文本文件就变成了 HTML 文件，在浏览器中浏览效果如图 2-21 所示。

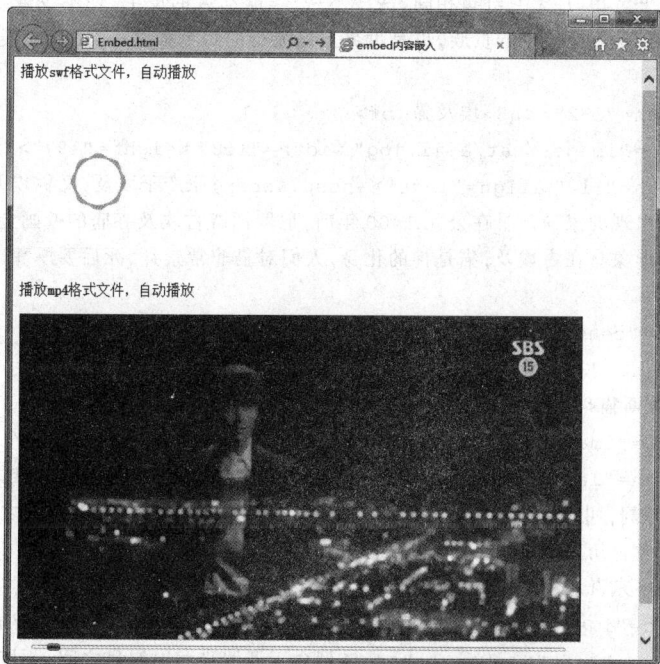

图 2-21 浏览效果

2.5.4 综合案例 5

使用记事本编写 HTML 页面，页面显示图像及视频。

操作步骤如下。

（1）在 Windows 系统下，执行“开始”→“所有程序”→“附件”→“记事本”命令，新建一个记事本，在记事本中输入代码如下：

```
<html>
<head>
    <title>图像的应用</title>
</head>
<body>
<table border="0" width="800" align="center"  cellspacing="10" background=
"images/bg1.jpg">
```

```
<tr>
  <th height="32" colspan="4"  bgcolor="#FFCC00"><h1>名猫展</h1></th>
</tr>
<tr align="center">
  <td width="128" height="209">
  <h3>阿比西尼亚猫<img src="images/cat/abx.jpg" width="168" height="197">
  </h3></td>
  <td width="129" align="left">  阿比西尼亚猫仪表堂堂、尊贵、庄严,天
生一副帝王之相,加上它红黄相间、深浅不一、华丽动人的皮毛,使不少爱猫者为之倾倒。阿
比西尼亚猫是短毛猫中的贵族,也是世界上最流行的短毛猫之一,尤受北美爱猫人士的欢迎。
  </td>
  <td width="132"><h3>埃及猫<br>
  <img src="images/cat/aiji.jpg" width="168" height="197"></h3></td>
  <td width="119" align="left">  原产于埃及,又称埃及神猫。可能是世
界上最早出现的家猫。早在公元 1400 年前,尼罗河畔古埃及寺庙的壁画上,就画有一种带斑
点的猫的形象。在古埃及,猫是神的化身,人们对猫非常崇拜,死后要厚葬。</td>
</tr>
<tr align="center">
  <td height="219">
    <h3>波斯猫<br>
  <img src="images/cat/bs.jpg" width="168" height="197"></h3></td>
  <td align="left">  波斯猫是猫中贵族,性情温文尔雅,聪明敏捷,善解人
意,少动好静,叫声尖细柔美,爱撒娇,举止风度翩翩,天生一副娇生惯养之态,给人一种华丽
高贵的感觉。历来深受世界各地爱猫人士的宠爱,是长毛猫的代表。</td>
  <td><h3>东奇尼猫<br>
  <img src="images/cat/df.jpg" width="168" height="197"></h3></td>
  <td align="left">  体型介于暹罗猫和巴厘猫之间,不胖也不瘦,它身强体
健,肌肉发达。头部和暹罗猫一样,呈稍圆的楔子形。有一对呈杏仁形的绿宝石色的大眼,双
耳长在头部的两侧,前端较圆。它的皮质很好,有点像貂皮。体毛浓密,极为柔软。</td>
</tr>
<tr align="center">
  <td height="219" colspan="4"><embed src="images/cat.mp4" autostart=
  "true" controls=control></td>
</tr>
</table>
</body>
</html>
```

（2）编写完 HTML 文件后,执行"文件"→"保存"菜单命令,弹出"另存为"对话框,在
该对话框中选择保存的路径,在"文件名"输入框中输入 I. html,文件的扩展名为. htm
或. html。

（3）单击"保存"按钮,这时该文本文件就变成了 HTML 文件,在浏览器中浏览效果
如图 2-22 所示。

图 2-22　图片及视频效果

2.6　超链接标记

超链接是一种允许同其他网页或站点之间进行连接的元素。各个网页链接在一起后,才能真正构成一个网站。超链接是指从一个网页指向一个目标的连接关系,这个目标可以是另一个网页,也可以是相同网页上的不同位置,还可以是一个图片、一个电子邮件地址、一个文件,甚至是一个应用程序。而在一个网页中用来超链接的对象,可以是一段文本或者是一个图片。当浏览者单击已经链接的文字或图片后,链接目标将显示在浏览器上,并且根据目标的类型来打开或运行。

按照链接对象的不同,网页中的链接又可以分为文本超链接、图像超链接、E-mail 链接、锚点链接、多媒体文件链接、空链接等。

按照超链接的表现形式,网页中的链接又可以分为网页之间的超链接和网页内的超链接。下面详细进行介绍。

在所有浏览器中,链接的默认外观是:未被访问的链接带有下划线而且是蓝色的;已被访问的链接带有下划线而且是紫色的;活动链接带有下划线而且是红色的。

2.6.1　网页之间的超链接

1. 语法格式

```
<a href="链接地址" target="目标">链接对象</a>
```

🔺**说明**　target 属性值有_blank、_self、_parent、_top。

_blank：在一个新的浏览器窗口中打开目标文件。可打开多个相同窗口。

_self：在该链接所在的窗口或同一框架中打开目标文件，此为默认选项。

_parent：在含有该链接的框架的父框架集或父窗口中打开目标文件。

_top：在包含该超链接的窗口中打开目标文件，取代任何当前正在窗口中显示的框架。

📖**小经验**　链接对象可以是文字、图形或其他页面对象。目标_parent 和_top 常用在框架页面。

2. 跟我做

使用记事本手工编写 HTML 页面，实现多个页面超链接的设置。

(1) 在 Windows 系统下，执行"开始"→"所有程序"→"附件"→"记事本"命令，新建一个记事本，在记事本中输入代码如下：

```
<html>
<head>
    <title>超链接</title>
</head>
<body>
    <p><a href="HeHua.html">综合练习一</a></p>
    <p><a href="LH.html">综合练习二</a></p>
    <p><a href="Table4.html" target="_blank"><img src="images/dufu.jpg"
    width="80" height="118" /></a></p>
</body>
</html>
```

(2) 编写完 HTML 文件后，执行"文件"→"保存"菜单命令，弹出"另存为"对话框，在该对话框中选择保存的路径，在"文件名"输入框中输入 A.html，文件的扩展名为.htm 或.html。

(3) 单击"保存"按钮，这时该文本文件就变成了 HTML 文件，在浏览器中浏览效果如图 2-23 所示。注意观察 target 值对超链接的影响。

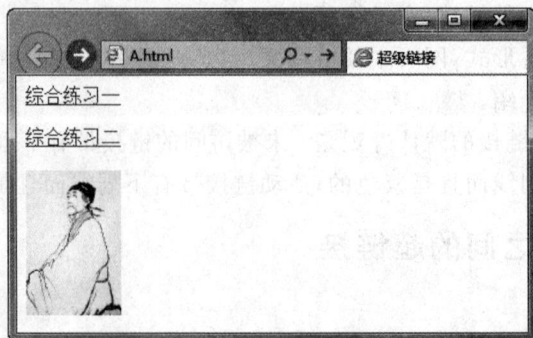

图 2-23　超链接效果设置

2.6.2 锚点链接

创建网页内超链接是通过使用命名锚记来完成的。命名锚记链接一般用在单个网页篇幅较长、浏览者需要翻屏查看的情况下设置。

1. 语法格式

```
<a href="#锚点名称">链接文字</a>        //定义锚点链接
<a name="锚点名称">链接内容</a>        //定义锚点
```

2. 跟我做

使用记事本手工编写 HTML 页面,实现锚点链接的设置。

(1) 在 Windows 系统下,执行"开始"→"所有程序"→"附件"→"记事本"命令,新建一个记事本,在记事本中输入代码如下:

```
<html>
<head>
  <title>锚点链接</title>
</head>
<body background="images/bg2.gif">
<p>诗词大观——七言古诗——<a href="#wuyan">五言古诗</a></p>
<p align="center">七言古诗</p>
<table width="70% " border="1" align="center" cellpadding="0" cellspacing=
  "5">
  <tr>
    <td height="24" align="center" valign="middle">江南春</td>
    <td height="24" align="center" valign="middle">暮江吟</td>
  </tr>
  <tr>
    <td height="24" align="center" valign="middle">枫桥夜泊</td>
    <td height="24" align="center" valign="middle">题西林壁</td>
  </tr>
  <tr>
    <td height="24" align="center" valign="middle">竹石</td>
    <td height="24" align="center" valign="middle">山行</td>
  </tr>
  <tr>
    <td height="24" align="center" valign="middle">别董大</td>
    <td height="24" align="center" valign="middle">浪淘沙</td>
  </tr>
</table>
<p align="center" class="STYLE4"> </p>
<p align="center" class="STYLE1"><img src="images/renwu1.gif" width="397"
height="198" align="middle" /></p>
<p align="center" class="STYLE1"><a name="wuyan"></a>五言古诗</p>
<table width="70% " border="1" align="center" cellpadding="0" cellspacing=
```

```
"5">
  <tr>
    <td height="24"><a href="#">春晓</a></td>
    <td height="24"><a href="#">梅花</a></td>
  </tr>
  <tr>
    <td height="24"><a href="#">题榴花</a></td>
    <td height="24"><a href="#">游子吟</a></td>
  </tr>
  <tr>
    <td height="24"><a href="#">七步诗</a></td>
    <td height="24"><a href="#">江雪</a></td>
  </tr>
  <tr>
    <td height="24"><a href="#">登黄鹤楼</a></td>
    <td height="24"><a href="#">城西书事</a></td>
  </tr>
</table>
</body>
</html>
```

（2）编写完 HTML 文件后，执行"文件"→"保存"菜单命令，弹出"另存为"对话框，在该对话框中选择保存的路径，在"文件名"输入框中输入 Am.html，文件的扩展名为.htm 或.html。

（3）单击"保存"按钮，这时该文本文件就变成了 HTML 文件，在浏览器中浏览效果如图 2-24 所示。

图 2-24　锚点链接

2.6.3 其他链接

超链接还可以链接到邮箱、其他网站和需要下载的文件。

1. 语法格式

```
<a href="mailto:邮箱地址">邮箱地址</a>
<a href="网站地址">网站地址</a>
<a href="下载的文件名称">文件名</a>
```

📖 **小经验** 当链接的目标文件是压缩文件、EXE 或 COM 文件,可以实现选择下载或立即打开。链接其他网站时,网站地址必须以 http://开始。

2. 跟我做

使用记事本手工编写 HTML 页面,实现其他链接的设置。

(1)在 Windows 系统下,执行"开始"→"所有程序"→"附件"→"记事本"命令,新建一个记事本,在记事本中输入代码如下:

```
<html>
<head>
    <title>其他链接</title>
</head>
<body>
    <a href="mailto:邮箱地址">联系我们</a>
    <a href="http://www.sina.com">新浪网</a>
    <a href="网络的基础知识.docx">学习资料</a>
</body>
</html>
```

(2)编写完 HTML 文件后,执行"文件"→"保存"菜单命令,弹出"另存为"对话框,在该对话框中选择保存的路径,在"文件名"输入框中输入 Ae.html,文件的扩展名为.htm 或.html。

(3)单击"保存"按钮,这时该文本文件就变成了 HTML 文件,在浏览器中浏览效果如图 2-25 所示。

图 2-25 其他链接效果

2.6.4 综合案例 6

使用记事本编写 HTML 页面,页面显示超链接的设置。

操作步骤如下。

(1) 在 Windows 系统下,执行"开始"→"所有程序"→"附件"→"记事本"命令,新建一个记事本,在记事本中输入代码如下:

```html
<html>
<head>
  <title>综合练习</title>
</head>
<body>
<table width="500" border="1" align="center" cellpadding="10" cellspacing=
"10" bordercolor="#0000FF">
  <tr>
    <td colspan="3" align="center">HTML 的学习</td>
  </tr>
  <tr>
    <td width="135">HTML 的概述</td>
    <td width="154"><a href="HeHua.html">案例</a></td>
    <td width="111"><a href="网络的基础知识.docx">课件下载</a></td>
  </tr>
  <tr>
    <td>文本与段落</td>
    <td><a href="LH.html">案例</a></td>
    <td><a href="网络的基础知识.docx">课件下载</a></td>
  </tr>
  <tr>
    <td colspan="3" align="center"><a href="mailto:women@ sina.com">联系作
    者</a><a href="http://www.w3school.com.cn/">参考网站</a></td>
  </tr>
</table>
</body>
</html>
```

(2) 编写完 HTML 文件后,执行"文件"→"保存"菜单命令,弹出"另存为"对话框,在该对话框中选择保存的路径,在"文件名"输入框中输入 Az. html,文件的扩展名为. htm或. html。

(3) 单击"保存"按钮,这时该文本文件就变成了 HTML 文件,在浏览器中浏览效果如图 2-26 所示。

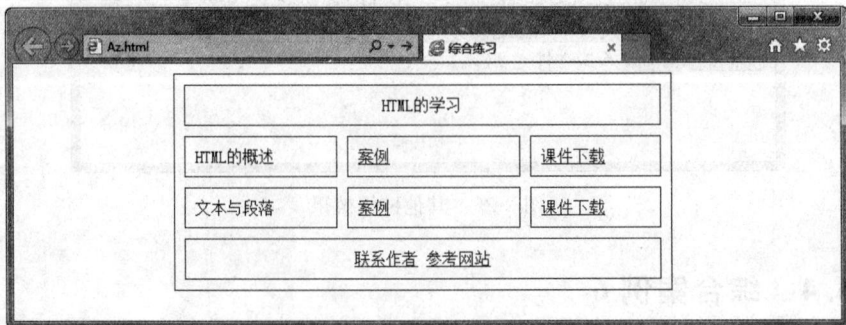

图 2-26　链接综合应用

2.7　表单标记

表单是用来收集站点访问者信息的区域。表单可以包含允许用户进行交互的各种控件,如文本框、列表框、复选框和单选按钮等,如图 2-27 所示。

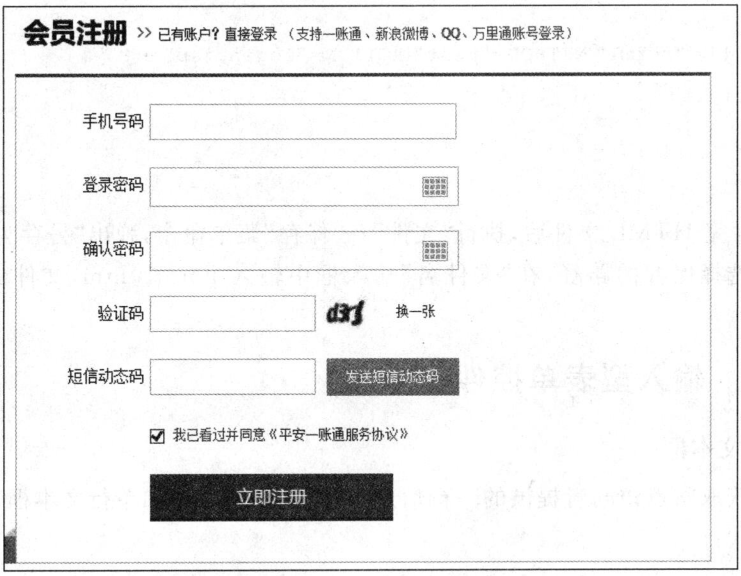

图 2-27　会员注册

当用户注册某种服务或者购买物品时,为了收集其姓名、地址、电话号码、电子邮件地址和其他信息,可以通过输入文本、单击按钮与复选框、从下拉菜单中选择选项方式填写表单,根据所设置的表单处理程序,网站以各种不同的方式进行信息处理。

2.7.1　创建表单

1. 语法格式

```
<FORM NAME="表单的名称" METHOD="get|post" ACTION="网址">
    …
</FORM>
```

说明　表单中包含3个属性 NAME、METHOD、ACTION。

NAME:指定表单的名称。命名表单后,可以使用脚本语言(如 VBScript)来引用或控制该表单。

METHOD:指定将表单数据传输到服务器的方法,其取值是 get|post,post 是在 HTTP 请求中嵌入表单数据,get 是将表单数据附加到请求该页的 URL 中。

ACTION:将要接收表单数据的动态网页的网址。

2. 跟我做

使用记事本手工编写 HTML 页面,实现标题文字的设置。

（1）在 Windows 系统下，执行"开始"→"所有程序"→"附件"→"记事本"命令，新建一个记事本，在记事本中输入代码如下：

```
<html>
<head>
    <title>表单标记</title>
</head>
<body>
<FORM NAME="form1" METHOD="post" ACTION="login.jsp">

</FORM>
</body>
</html>
```

（2）编写完 HTML 文件后，执行"文件"→"保存"菜单命令，弹出"另存为"对话框，在该对话框中选择保存的路径，在"文件名"输入框中输入 Form1.htm，文件的扩展名为 .htm 或 .html。

2.7.2　输入型表单控件

1. 单行文本框

如果要获取站点访问者提供的一行信息，可以在表单中添加单行文本框。

语法格式：

```
<INPUT TYPE="text" NAME="文本框名" VALUE="值" SIZE="长度"  MAXLENGTH="最大长度">
```

说明　单行文本框中主要属性有 TYPE、NAME、VALUE、SIZE、MAXLENGTH。

TYPE 属性值为 text，表示普通文本框。

NAME 属性设置文本框名称，可以在脚本中引用该文本。

VALUE 属性设置指定文本框的初始值。

SIZE 属性指定文本框的宽度。

MAXLENGTH 属性规定允许在文本框内输入的最大字符数。

2. 密码文本框

创建密码域，隐藏输入的内容，与单行文本框标记一样，只是 TYPE 的类型不同。

语法格式：

```
<INPUT TYPE="password" NAME="文本框名" VALUE="值" SIZE="长度"  MAXLENGTH="最大长度">
```

说明　TYPE 属性值为 password，表示密码文本框。

3. 复选框

通过复选框，用户可以完成多个项目的选择。

语法格式：

```
<INPUT TYPE="checkbox" NAME="复选框名" VALUE="值" [CHECKED]>选项文本
```

说明　每个语句产生一个复选项,有多少个复选项,就应该定义多少个<Input>语句,一组中各个复选框的 Name 属性值应该相同,但 Value 值应该不同。

NAME:指定复选框对象的名称。

VALUE:每一个复选框必须有且仅有一个 value,当被选择时这值便会传送给表单处理程序。

CHECKED:指定对应复选框为默认选中项。

4. 单选按钮

每次只能选择一个选项。

语法格式:

```
<INPUT TYPE="radio" NAME="单选按钮名" VALUE="值" [CHECKED]>选项文本
```

说明

NAME 属性:指定单选按钮的名称,若干个名称相同的单选按钮构成一个控件组,在该组中只能选中一个选项。

VALUE 属性:一组相关的 Radio 的 Name 属性值要相同,但 Value 值要不同,可让使用者任选其一。

CHECKED 属性:是可选的,若使用该属性,则当第一次打开表单时该单选按钮处于选中状态。

5. 文件域

文件域是由一个文件名输入文本框和一个"浏览"按钮组成,用户既可以在文本框中输入文件的路径和文件名,也可以通过单击"浏览"按钮从磁盘上查找和选择所需的文件。

语法格式:

```
<Input type="file" name="文件域的名称">
```

说明　name 指定表单元素所传输文件的名称。在服务器端处理程序中用该变量代表所传输过去的文件名称。

6. 命令按钮

用<Input>标记可以在表单中添加 3 种类型按钮:提交按钮、重置按钮、普通命令按钮。

语法格式:

```
<Input type="类型" name="对象名" value="字符串" [onclick="子程序名"]>
```

说明

type:定义命令按钮的类型,当类型值为 submit 时,创建一个提交按钮。当值定义为 reset 时,创建一个重置按钮。当值定义为 button 时,创建一个自定义按钮。表单中添加自定义按钮后,应该为其编写脚本。

name:指定命令按钮的名称。

value:设定命令按钮上显示的文本内容。

onclick:指定单击命令按钮时,系统自动调用并执行的函数或过程。

7. 跟我做

使用记事本手工编写 HTML 页面,实现标题文字的设置。

(1) 用记事本打开 form.htm 文件,在原有文件中编写以下代码。

```
<html>
<head>
  <title>输入型表单控件</title>
</head>
<body>
<FORM NAME="form1" METHOD="post" ACTION="login.jsp">
  姓名:
  <input type="text" name="name" VALUE="请输入用户名" SIZE="15"  MAXLENGTH=
  "25">
  <p>
  密码:
  <input type="password" name="name"  SIZE="15"  MAXLENGTH="25">
  <p>
  兴趣爱好:
  <INPUT NAME="xq" TYPE="checkbox"      VALUE="足球">
  足球
  <INPUT TYPE="checkbox" NAME="xq"      VALUE="篮球">
  篮球
  <INPUT TYPE="checkbox" NAME="xq"      VALUE="排球">
  排球
  <INPUT TYPE="checkbox" NAME="xq"      VALUE="网球">
  网球
  <p>
  性别:
    <INPUT type="radio" value="女" checked NAME="sex">女
    <INPUT type="radio" value="男" NAME="sex">男
  <p>上传:<Input  type="file"  name="file1">
  <p>
  <input type="reset" name="button"  value="重置">
  <input type="submit" name="button2" value="提交">
</FORM>
</body>
</html>
```

(2) 编写完 HTML 文件后,执行"文件"→"保存"菜单命令,弹出"另存为"对话框,在该对话框中选择保存的路径,在"文件名"输入框中输入 Form1_1.html,文件的扩展名为.htm 或.html。

(3) 单击"保存"按钮,这时该文本文件就变成了 HTML 文件,在浏览器中浏览效果如图 2-28 所示。

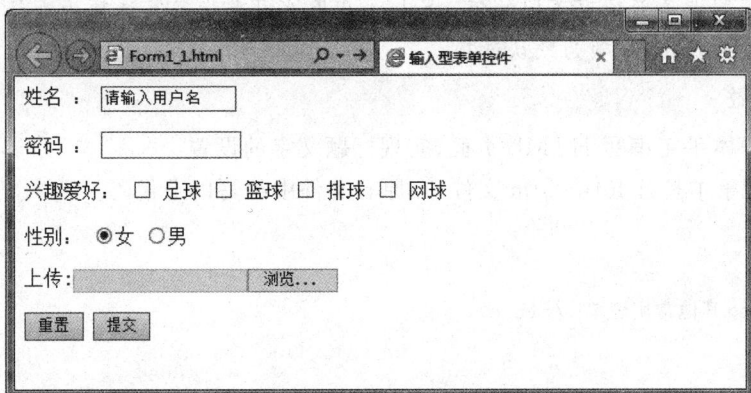

图 2-28　设置输入表单

2.7.3　其他常用表单

1. 多行多列的文本框

多行的文本框,用户可以在其中输入和编辑文本,它只能用在<Form>标记中。

语法格式:

`<Textarea name="对象名" [cols=n] [rows=n] [readonly]>文本内容</Textarea>`

🔹说明

name:指定多行文本框的名称。

cols:设定文字区块的字符宽度。

rows:设定文字区块的列数,即其高度。

readonly:设定多行文本框中的内容为只读。

2. 列表框

列表框提供一个可以复选的下拉列表供用户选择。

语法格式:

```
<Select     Name="对象名">
    <option   value=可选项 1 的值  [Selected]>可选项 1 的提示</option>
    <option   value=可选项 2 的值  [Selected]>可选项 2 的提示</option>
    ...
</Select>
```

🔹说明

<Select>...</Select>来标记其范围,里面的项目用<option>标记来指定。

<Selected>标记的 name 属性用于指定表单元素的名称。

<option>标记用来在由<Select>标记所指示的列表框中指示一个选项。

<option>标记属性 Value 用来指定选项的值。表单处理程序中接收的是此属性传送的值。但不同选项必须有不同的值。Selected 属性用来指定某选项为默认选中项。如果不指定此参数,则第一项为默认选项。

3. 跟我做

使用记事本手工编写 HTML 页面,实现标题文字的设置。

(1) 用记事本打开 form. htm 文件,在原有文件中编写以下代码。

```
<html>
<head>
  <title>其他常用表单</title>
</head>
<body>
<FORM NAME="form1" METHOD="post" ACTION="login.jsp">
  姓名:
  <input type="text" name="name" VALUE="请输入用户名" SIZE="15"  MAXLENGTH=
  "25">
  <p>出生日期:
  <select name="select">
    <option value="2010">2010</option>
    <option value="2012">2012</option>
    <option value="2013">2013</option>
    <option value="2014">2014</option>
    <option value="2015" selected>2015</option>
  </select>
  年
  <select name="select2">
    <option value="1" selected>1</option>
    <option value="2">2</option>
    <option value="3">3</option>
    <option value="4">4</option>
    <option value="5">5</option>
    <option value="6">6</option>
  </select>
  月
  <select name="select3">
    <option value="1" selected>1</option>
    <option value="2">2</option>
    <option value="3">3</option>
    <option value="4">4</option>
    <option value="5">5</option>
    <option value="6">6</option>
  </select>
  日
<p>备注:
<p>
  <Textarea  name="对象名" rows="5">输入需要说明的内容</Textarea>
<p>
```

```
    <input type="reset" name="button"  value="重置">
    <input type="submit" name="button2" value="提交">
</FORM>
</body></html>
```

（2）编写完 HTML 文件后，执行"文件"→"保存"菜单命令，弹出"另存为"对话框，在该对话框中选择保存的路径，在"文件名"输入框中输入 Form1_2.html，文件的扩展名为 . htm 或 . html。

（3）单击"保存"按钮，这时该文本文件就变成了 HTML 文件，在浏览器中浏览效果如图 2-29 所示。

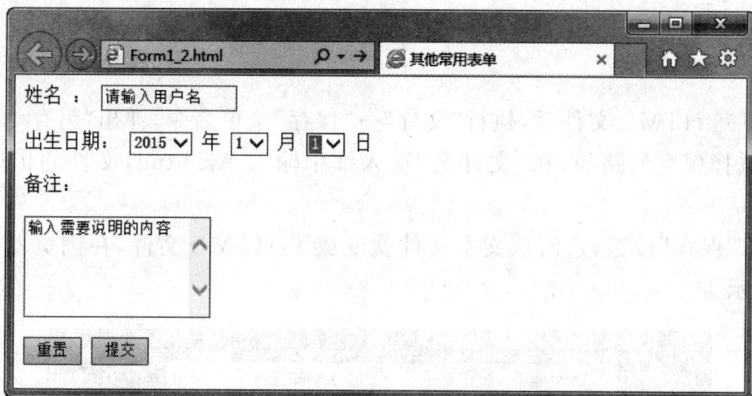

图 2-29　设置列表表单

2.7.4　综合案例 7

使用记事本编写 HTML 页面，页面显示图像及视频。

操作步骤如下。

（1）在 Windows 系统下，执行"开始"→"所有程序"→"附件"→"记事本"命令，新建一个记事本，在记事本中输入代码如下：

```
<html>
<head>
  <title>表单标记示例</title>
</head>
<body>
<form action="userreg.aspx" method="post">
    <h3>新用户注册</h3>
    姓名：<input type="text" name="xinming"><br>
    性别：<input type="radio" name="sex" value="boy">男
    <input type="radio" name="sex" value="girl">女<br>
    电话：<input type="text" name="tel"><br>
    个人爱好：<br>
    <input type="checkbox" name="check1" value="tiyu">体育
    <input type="checkbox" name="check1" value="yinyue">音乐<br>
    <input type="checkbox" name="cheek1" value="shangwang">上网
```

```
<input type="checkbox" name="check1" value="lvyou">旅游<br>
您喜欢漫画吗?:<select name="like">
<option value="非常喜欢">非常喜欢
<option value="还算喜欢">还算喜欢
<option value="不太喜欢">不太喜欢
<option value="非常讨厌">非常讨厌
</select><br>
请输入您的意见:<br>
<textarea name="talk" cols="20" rows="3"></textarea><P>
<input type="submit" name="btnSub" value="注册用户">
<input type="reset" name="btnRes" value="重写填写">
</form>
</body>
</html>
```

(2) 编写完 HTML 文件后,执行"文件"→"保存"菜单命令,弹出"另存为"对话框,在该对话框中选择保存的路径,在"文件名"输入框中输入 Az.html,文件的扩展名为.htm或.html。

(3) 单击"保存"按钮,这时该文本文件就变成了 HTML 文件,在浏览器中浏览效果如图 2-30 所示。

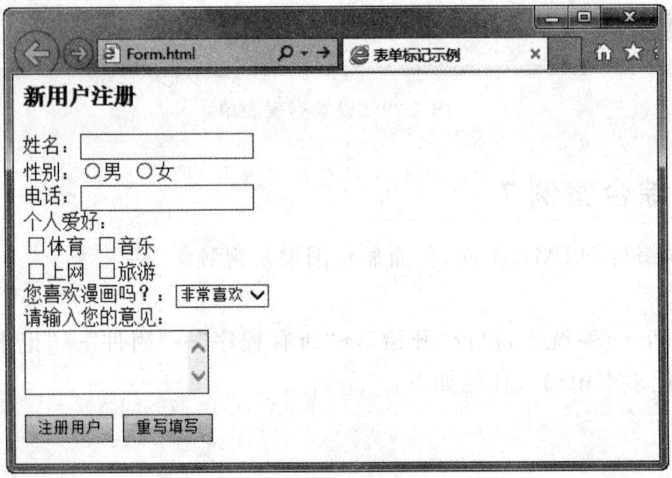

图 2-30 表单设置

本章小结

本章重点介了超文本语言 HTML 的各种标记的含义和使用方法,通过本章的学习,同学们应该能够利用 HTML 编写简单的网页,并通过浏览器进行浏览。其中重点掌握表格、超链接、图形、表单等标记的使用和标记属性的设置,为后续的课程打下坚实的基础。

课后习题

一、选择题

1. HTML 指的是( )。
   A. 超文本标记语言(HyperText Markup Language)
   B. 家庭工具标记语言(Home Tool Markup Language)
   C. 超链接和文本标记语言(Hyperlinks and Text Markup Language)

2. Web 标准的制定者是( )。
   A. 微软   B. 万维网联盟(W3C)
   C. 网景公司(Netscape)

3. 用 HTML 标记语言编写一个简单的网页,网页最基本的结构是( )。
   A. <html><head>…</head><frame>…</frame></html>
   B. <html><title>…</title><body>…</body></html>
   C. <html><title>…</title><frame>…</frame></html>
   D. <html><head>…</head><body>…</body></html>

4. 以下标记符中,用于设置页面标题的是( )。
   A. <title>   B. <caption>   C. <head>   D. <html>

5. 以下标记符中,没有对应的结束标记的是( )。
   A. <body>   B.
       C. <html>   D. <title>

6. ( )是换行符标记。
   A. <body>   B. <font>   C.
       D. <p>

7. 在 HTML 中,标记<font>的 Size 属性最大取值可以是( )。
   A. 5   B. 6   C. 7   D. 8

8. 在 HTML 中,标记<pre>的作用是( )。
   A. 标题标记   B. 预排版标记   C. 转行标记   D. 文字效果标记

9. ( )特殊符号表示的是空格。
   A. "   B.   C. &   D. &copy

10. ( )是在新窗口中打开网页文档。
    A. _self   B. _blank   C. _top   D. _parent

11. 超链接是建立网站、网页主要元素之一。若要建立在同一网页内的链接,应采用
( )链接形式。
    A. 链接到一个 E-mail   B. 书签式链接
    C. 框架间链接   D. 链接到一个网站

12. 关于超链接,( )的说法是正确的。
    A. 不同网页上的图片或文本可以链接到同一网页或网站
    B. 不同网页上的图片或文本只能链接到同一网页或网站
    C. 同一网页上被选定的一个图片或一处文本可以同时链接到几个不同网站

D. 同一网页上图片或文本不能链接到同一书签

13. 以下选项中,(　　)全部都是表格标记。

    A. <table><head><tfoot>　　　　　B. <table><tr><td>

    C. <table><tr><tt>　　　　　　　D. <thead><body><tr>

14. 在 HTML 中,<form method＝post>,method 表示(　　)。

    A. 提交的方式　　　　　　　　　B. 表单所用的脚本语言

    C. 提交的 URL 地址　　　　　　　D. 表单的形式

15. 增加表单的文本域的 HTML 代码是(　　)。

    A. <input type＝submit></input>

    B. <textarea name="textarea"></textarea>

    C. <input type＝radio></input>

    D. <input type＝checkbox></input>

二、填空题

1. 从 IE 浏览器菜单中选择_____查看源文件_____命令,可以在打开的记事本中查看到网页的源代码。

2. 创建一个 HTML 文档的开始标记符是_____,结束标记符是_____。

3. 标记是 HTML 中的主要语法,分_____标记和_____标记两种。大多数标记是成对出现的,由_____标记和_____标记组成。

4. 把 HTML 文档分为_____和_____两部分。_____部分就是在 Web 浏览器窗口的用户区内看到的内容,而_____部分用来设置该文档的标题(出现在 Web 浏览器窗口的标题栏中)和文档的一些属性。

5. 要设置一条 1 像素粗的水平线,应使用的 HTML 语句是_____。

6. 在 HTML 文件中,版权符号的代码是_____。

7. 使页面的文字居中的方法有_____。

8. 标题字的标记是_____。

9. <tr>…</tr>是用来定义_____;<td>…</td>是用来定义_____;<th>…</th>是用来定义_____。

10. 单元格垂直合并所用的属性是_____;单元格横向合并所用的属性是_____。

11. <form>标记中,_____属性的作用就是指出该表单所对应的处理程序的位置;_____属性用于指定该表单的运行方式。

12. method 属性的取值可以为_____和_____之一,其默认方式是_____。

三、问答题

1. 简述一个 HTML 文档的基本结构。

2. 写出 URL 包含的 3 个部分内容的作用。

四、网页设计

利用所学的 HTML 标记完成简单网页的设计。

第 3 章

使用 Dreamweaver CS5
进行网页设计

网页是网站最基本的组成部分，Adobe Dreamweaver（前称 Macromedia Dreamweaver)是 Adobe 公司的著名网站开发工具。它使用所见即所得的接口，亦有 HTML 编辑的功能。集合了站点资源管理、网页制作、程序开发等多种功能，本章主要学习 Dreamweaver CS5 在网页设计与制作方面的内容。

本 章 重 点

- Dreamweaver CS5 基本应用
- 使用 Dreamweaver CS5 创建网页的方法

3.1 初识 Dreamweaver CS5

Dreamweaver CS5 是集网页制作和网站管理于一身的"所见即所得"的网页编辑软件，它以强大的功能和友好的操作界面得到广大网页设计者的喜爱，已经成为网页制作者的首选软件。

3.1.1 Dreamweaver CS5 工作界面

图 3-1 所示为 Dreamweaver CS5 界面，主要由"菜单栏""文档窗口""属性面板"和"面板组"构成。

1. 菜单栏

菜单栏包括"文件""编辑""查看""插入""修改""格式""命令""站点""窗口"和"帮助" 10 个菜单。

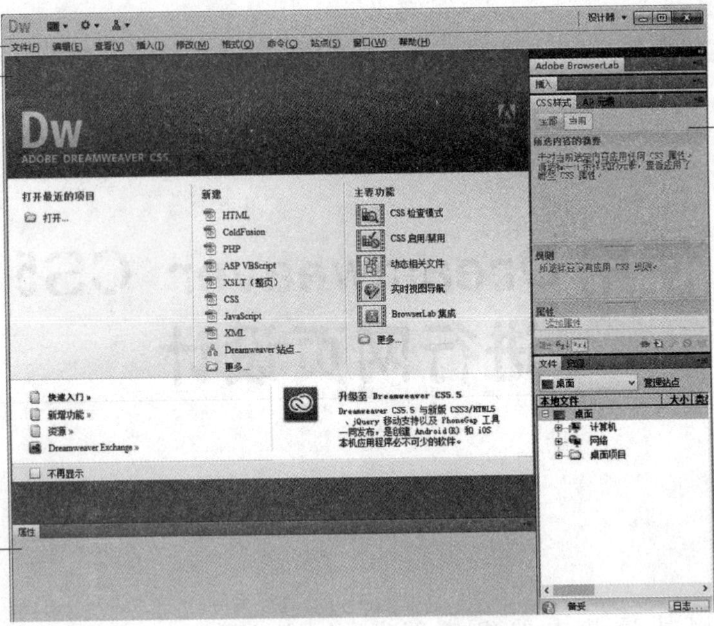

图 3-1　Dreamweaver CS5 界面

"文件"菜单：用来管理文件，包括创建和保存文件、导入与导出文件、浏览和打印文件等。

"插入"菜单：用来插入网页元素，包括插入图像、多媒体、表格、布局对象、表单、电子邮件链接、日期和 HTML 等。

"修改"菜单：用来实现对页面元素修改的功能，包括页面属性、CSS 样式、快速标签编辑器、链接、表格、框架、AP 元素与表格的转换、库和模板等。

"格式"菜单：用来对文本进行操作，包括字体、字形、字号、字体颜色、HTML/CSS 样式、段落格式化、扩展、缩进、列表、文本的对齐方式等。

"命令"菜单：收集了所有的附加命令项。

"站点"菜单：用来创建与管理站点，包括新建站点、管理站点、上传与存回和查看链接等。

"窗口"菜单：用来打开与切换所有的面板和窗口。

2. "插入"工具栏

"插入"工具栏中放置的是制作网页过程中经常用到的对象和工具，通过插入栏可以很方便地插入网页对象，有"常用"插入栏、"布局"插入栏、"表单"插入栏、"数据"插入栏等。插入栏有两种显示方式：一种是以菜单方式显示，如图 3-2 所示；另一种是以制表符方式显示。

3. 面板组

Dreamweaver 的面板组可以自由组合，如图 3-3 所示，每个面板组都可以展开和折叠，并且可以和其他面板组停靠在一起或取消停靠。面板组还可以停靠到集成的应用窗

图 3-2 "插入"工具栏

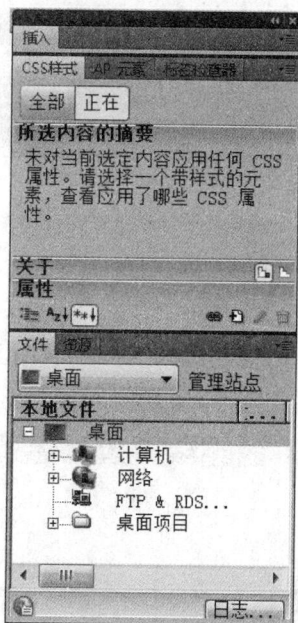

图 3-3 面板组

口中,方便使用者访问。

3.1.2 站点创建与管理

站点是管理网页文档的聚集地,可以看作是一系列文档的组合,这些文档通过各种链接建立逻辑关联。用户在建立网站前,必须要先建立站点,修改网页时,也必须打开站点,然后再修改站点内的网页。习惯上一个站点使用一个文件夹来存放网站的所有文件,再在文件夹内建立几个文件夹,将文件分类存放,如图片文件夹放在 images 文件夹内,html 文件存放在根目录下。

1. 创建站点

可以使用向导创建站点。选择"站点"→"新建站点"菜单命令,弹出图 3-4 所示的站点定义向导。

小经验 创建站点过程中,除了站点名字可以使用中文,用来提示当前正在进行什么站点编辑外,其余文件夹以及文件名称全部使用英文或数字命名,不要使用中文命名。

输入站点名字后,单击"下一步"按钮;选择"否,不使用服务器"选项,再单击"下一步"按钮;定义站点文件夹位置,如图 3-5 所示,再单击"下一步"按钮。

在"如何链接到服务器中"的下拉列表框中选择"无",进入下一步,弹出站点相关信息对话框,如图 3-6 所示,检查相关站点信息,确认无误后,单击"完成"按钮,结束站点的创建。

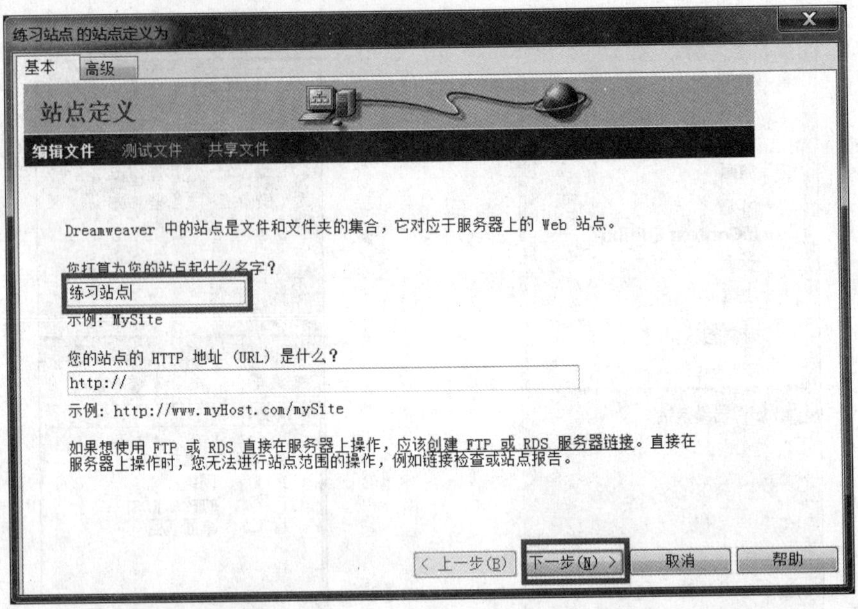

图 3-4　创建站点向导

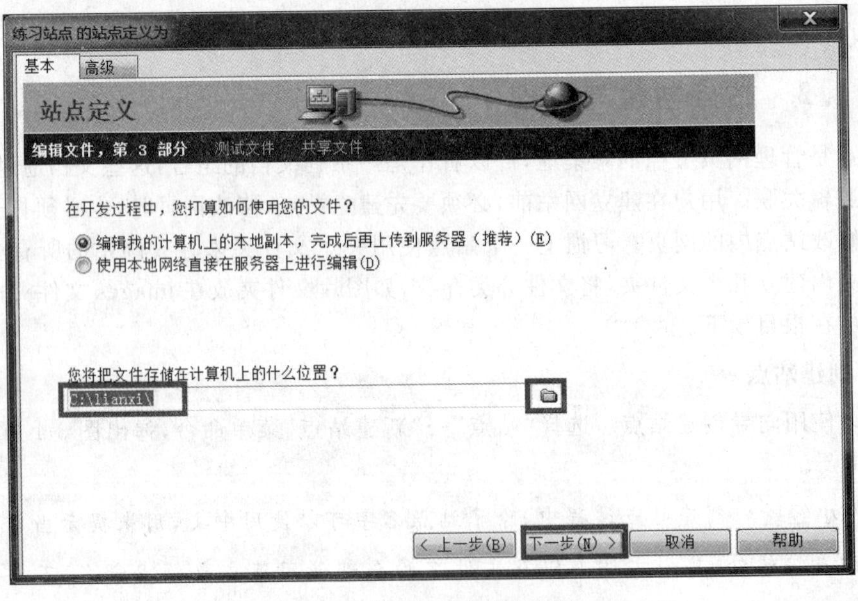

图 3-5　设置站点文件夹位置

2. 管理站点

站点创建后可以进行编辑、复制、删除、导出、导入等操作。选择"站点"→"管理站点"菜单命令,弹出图 3-7 所示的"管理站点"对话框。

打开站点:当要修改某个网站内容时,首先要打开站点。

编辑站点:常用的"编辑"命令的向导与新建站点过程相同。

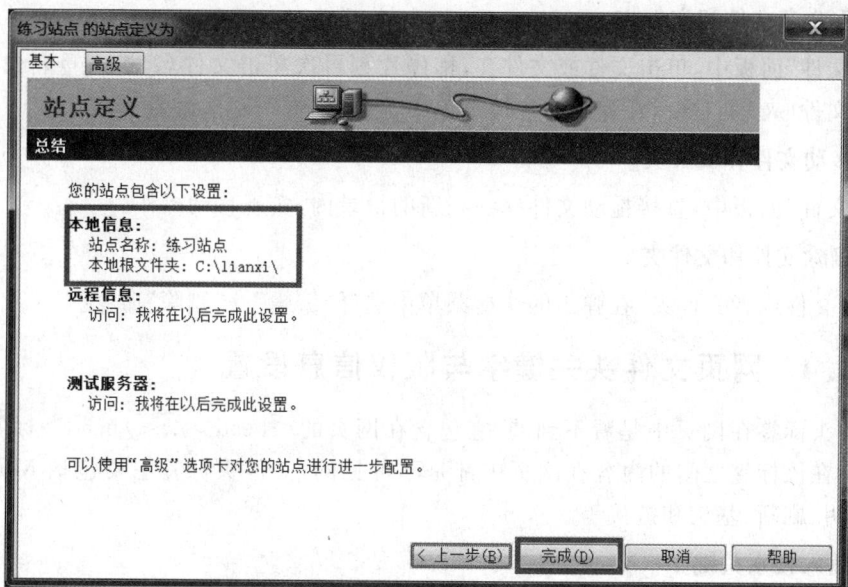

图 3-6 完成站点创建

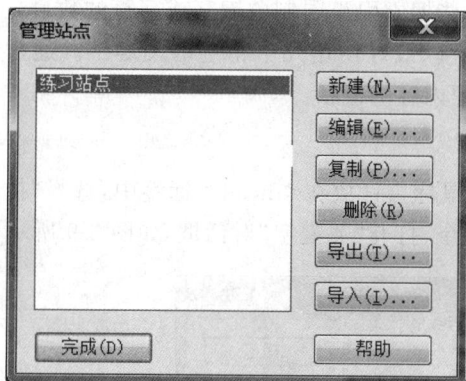

图 3-7 "管理站点"对话框

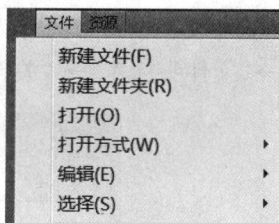

图 3-8 新建文件或文件夹

复制站点：可以省去重复建立多个结构相同站点的操作步骤，提高工作效率。

删除站点：仅删除与本地站点文件夹之间的关系，而本地站点包含的文件和文件夹仍旧存在磁盘原有位置上。

导入和导出站点：如果在计算机之间移动站点，或者与其他用户共同设计站点，可以通过导入和导出功能实现。导出站点功能是将站点导出为 *.ste 格式文件，然后在其他计算机上将其导入到 Dreamweaver 环境中。

3.1.3 管理站点文件和文件夹

新建站点后，可以在右侧"文件"面板中的站点提示信息上右击，如图 3-8 所示，选择"新建文件"或者"新建文件夹"命令，可以保证新创建的文件或者文件夹在站点里面。

1. 重命名文件和文件夹

在"文件"面板中，单击文件或文件夹，稍停片刻再次单击文件名，进入重新命名的状态，或在文件(夹)上右击，在弹出的快捷菜单中选择"编辑"→"重命名"命令。

2. 移动文件和文件夹

在"文件"面板中，直接拖动文件(夹)到新的目录内，实现移动操作。

3. 删除文件和文件夹

右击文件或者文件夹，在弹出的快捷菜单中选择"编辑"→"删除"命令。

3.1.4　网页文件头关键字与版权信息设置

文件头标签在网页中是看不到的，它包含在网页的<head>...</head>标签之间，所有包含在该标签之间的内容在网页中都是不可见的，文件头标签主要包括 META、关键字、说明、刷新、基础和链接等。

1. 插入搜索关键字

在万维网上通过搜索引擎查找资料时，搜索引擎自动读取网页中<meta>标签的内容，所以网页中的搜索关键字非常重要，它可以间接宣传网页，提高访问量。

搜索关键字不是字数越多越好，因为有些搜索引擎限制关键字或字符的数目，当超过了限制的数目时，它将忽略所有的关键字，所以最好使用几个精选的关键字。通常，关键字是对网页的主题、内容、风格或作者信息等内容的概括。

2. 跟我做——设置网页搜索关键字

(1) 选中文档窗口中的"代码"视图，将鼠标指针放在<head>标签中，选择"插入"→HTML→"文件头标签"→"关键字"菜单命令，打开"关键字"对话框，如图 3-9 所示。

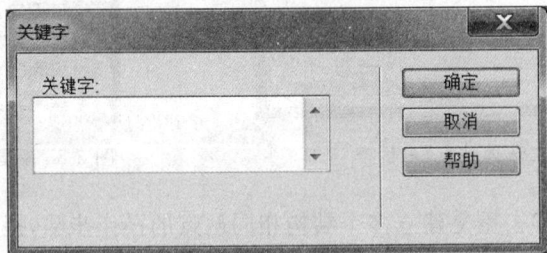

图 3-9　"关键字"对话框

(2) 在"关键字"对话框中输入相应的中文或英文关键字。例如，设置关键字为"练习"，单击"确定"按钮，完成设置。

小经验　关键字间要用半角的逗号分隔。

此时，观察"代码"视图，可以看到在<head>标签内多了以下代码：

```
<meta name="keywords" content="练习" />
```

同样，还可以通过<meta>标签实现设置搜索关键字。选择"插入"→HTML→"文件头标签"→Meta 菜单命令,弹出 META 对话框,如图 3-10 所示。在"属性"选项下拉列表框中选择"名称",在"值"文本框中输入 keywords,在"内容"列表框中输入关键字。

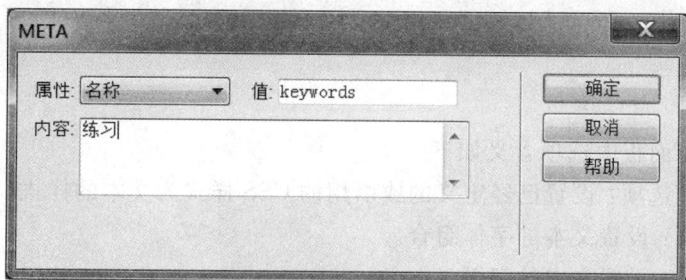

图 3-10 META 对话框

3. 插入作者和版权信息

要设置网页的作者版权信息,可选择"插入"→HTML→"文件头标签"→Meta 菜单命令。在"值"文本框中输入/x. Copyright,在"内容"列表框中输入作者名称和版权信息,然后单击"确定"按钮。此时,在"代码"视图中的<head>标签内可以查看到相应的 html标记,如图 3-11 所示。

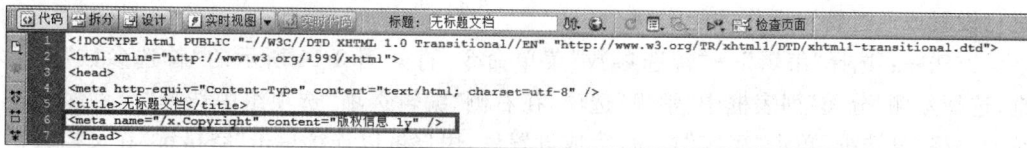

图 3-11 meta 代码信息

3.2 添加网页内容和多媒体元素

1. 设置文本属性

利用文本属性可以方便地修改选中文字的字体、字号、样式、对齐方式等,以获得预期效果。选择"窗口"→"属性"菜单命令,弹出"属性"面板,在 HTML 和 CSS 属性面板中都可以设置文本属性,如图 3-12、图 3-13 所示。

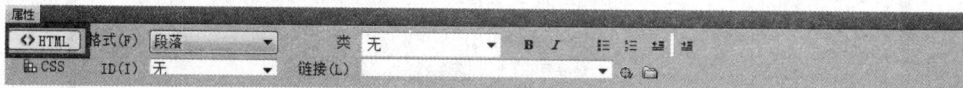

图 3-12 HTML 属性面板

"HTML 属性"面板中部分选项含义如下。

"格式"选项: 设置所选文本的段落样式。

"项目列表"按钮 ≔ 和"编号列表"按钮 ≔ :设置段落的项目符号或编号。

"文本凸出"按钮 ⫶ 和"文本缩进"按钮 ⫶ :设置段落的文本向左凸出或向右缩进一

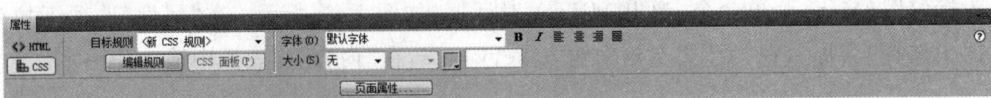

图 3-13　CSS 属性面板

定距离。

"CSS 属性"面板中选项含义如下。

"目标规则"选项：设置已经定义的或引用的 CSS 样式为文本的样式。

"字体"选项：设置文本的字体组合。

"大小"选项：设置文本的字级。

"文本颜色"按钮：设置文本的颜色。

"粗体"按钮、"斜体"按钮：设置文字格式。

"左对齐"按钮、"居中对齐"按钮、"右对齐"按钮、"两端对齐"按钮：设置段落在网页中的对齐方式。

2. 输入特殊字符

1) 输入连续的空格

在默认状态下，Dreamweaver CS5 只允许输入一个空格，要输入连续多个空格需要进行设置或通过特定操作才能实现。

方法一：选择"编辑"→"首选参数"菜单命令，打开图 3-14 所示的"首选参数"对话框，选择左侧"分类"列表框中"常规"选项，在右侧"编辑选项"选项组中选择"允许多个连续的空格"复选框，单击"确定"按钮，完成设置后，用户可以连续单击"空格键"在文档编辑中输入多个空格。

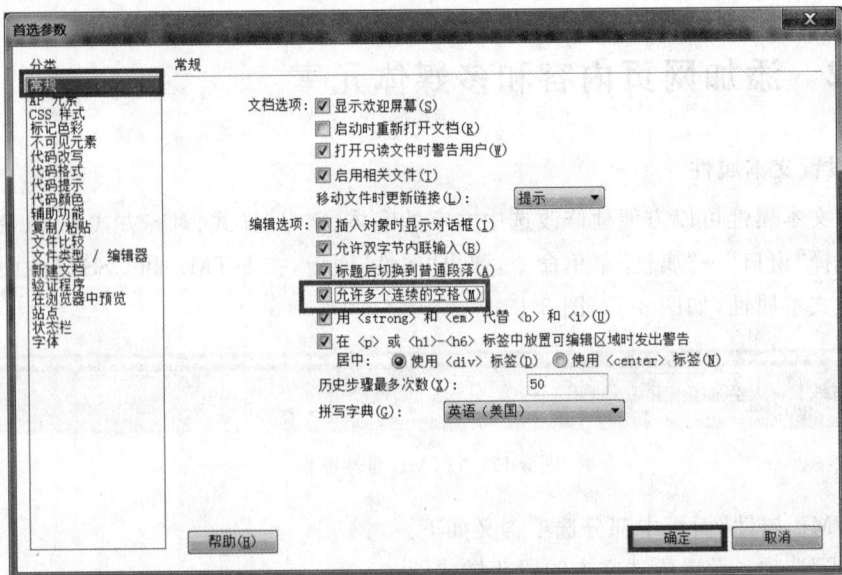

图 3-14　"首选参数"对话框

　　方法二：选择"插入"面板中的"文本"命令，如图 3-15 所示，单击"字符"展开按钮，如图 3-16 所示，选择"不换行空格"命令。

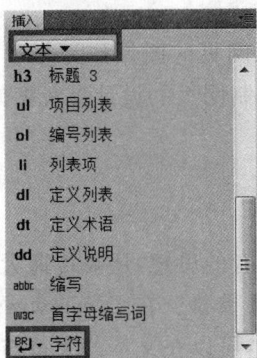

图 3-15　"文本"列表

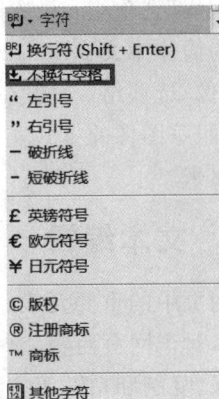

图 3-16　"字符"命令列表

　　方法三：选择"插入"→Html→"特殊字符"→"不换行空格"菜单命令，或按 Ctrl＋Shift＋Space 组合键。

　　2）输入其他特殊字符

　　除了可插入不间断空格外，还可以通过方法二和方法三插入其他常用特殊字符。

3. 设置网页默认格式

　　用户在制作网页时，页面都有一些默认的属性，如网页的标题、网页边界、文字编码、文字颜色等。若需要修改网页的页面属性，可选择"修改"→"页面属性"菜单命令，弹出图 3-17 所示的"页面属性"对话框。

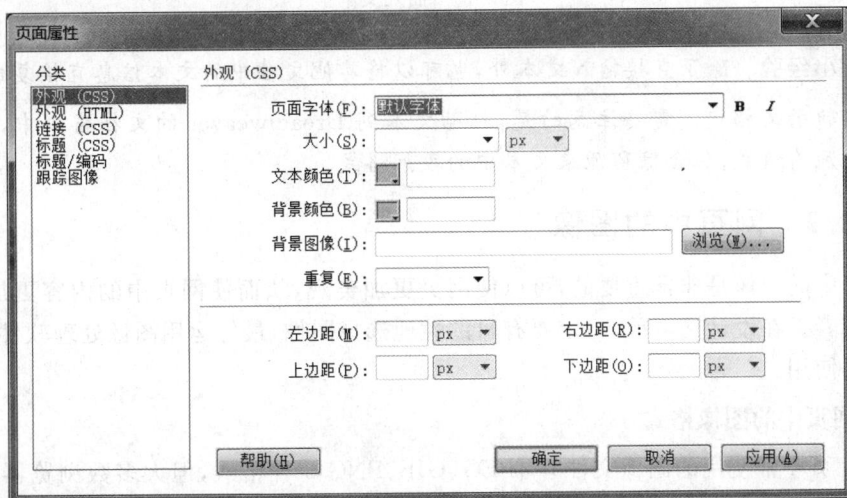

图 3-17　"页面属性"对话框

　　"外观"选项组：设置网页背景色、背景图像，网页文字的字体、字号、颜色和网页边界。

"链接"选项组：设置链接文字的格式。

"标题"选项组：设置标题 1 至标题 6 指定标题标签的字体大小和颜色。

"标题/编码"选项组：设置网页的标题和网页的文字编码。一般情况下，将网页的文字编码设定为简体中文 GB2312 编码。

"跟踪图像"选项组：一般在复制网页时，若想使原网页的图像作为复制网页的参考图像，可使用跟踪图像的方式实现。跟踪图像仅作为复制网页的设计参考图像，在浏览器中并不显示出来。

3.2.1　文本编辑

文本是网页中的重要元素，不仅准确传达网页制作者的思想，还要传递大量信息给网络的访问者。对于网页而言，掌握文本的使用方法非常重要。在 Dreamweaver 中，可以通过直接输入、复制和粘贴等方法将文本插入到文档中，可以在文本的字符与行之间插入额外的空格，还可以插入特殊字符和水平线等。

通过 Dreamweaver 编辑网页时，在文档窗口光标为默认显示状态。要添加文本，首先应将光标移动到文档窗口中的编辑区域，然后直接插入文本，就像在其他文本编辑器中一样。打开一个文档，在文档中单击，将光标置于其中，然后在光标后面输入文本，如图 3-18 所示。

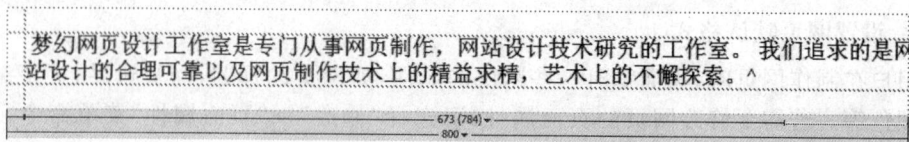

梦幻网页设计工作室是专门从事网页制作，网站设计技术研究的工作室。 我们追求的是网站设计的合理可靠以及网页制作技术上的精益求精，艺术上的不懈探索。^

673 (784) ▾
800 ▾

图 3-18　插入文本

📖**小经验**　除了直接输入文本外，也可以将其他文档中的文本信息直接复制、粘贴到当前编辑的文档中。需要注意的是，粘贴文本到 Dreamweaver 的文档窗口中，该文本不会保持原有格式，但会保留原来文本中的段落格式。

3.2.2　网页中的图像

网页中的图像是非常重要的，可以使网页更加美观，从而使网页中的内容更加丰富，吸引访问者。在设计网页前，一定要有目的性地选择图像，最好运用图像处理软件对图像美化后再使用。

1. 网页中的图像格式

Web 页中常使用的图像文件有 JPEG、GIF、PNG 3 种格式，但大多数浏览器只支持 JPEG 和 GIF 两种格式。要保证浏览者下载网页的速度，所以网站设计者常常使用 JPEG 和 GIF 这两种压缩格式的图像。

2. 插入图像

要在 Dreamweaver 中插入图像，必须位于当前站点文件夹内或远程站点文件夹内；

否则图像不能正确显示,所以在建立站点时,网站设计者常常先创建一个名叫 image 的文件夹,用来存放站点中将要用到的所有图像。

(1) 在文档窗口中,在插入点单击,确定图像插入位置。

(2) 选择"插入"面板中的"常用"选项卡,单击"图像"展开菜单中的工具按钮,如图 3-19所示,在下拉菜单中选择"图像"命令,打开图 3-20 所示对话框,进行图像的选择。

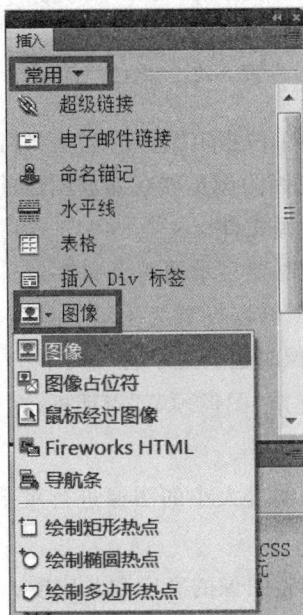

图 3-19　"常用"选项卡

图 3-20　"选择图像源文件"对话框

3. 设置图像属性

插入图像后,在"属性"面板中显示该图像的属性,如图3-21所示。

图3-21 "属性"面板

"宽"和"高"选项:以像素为单位指定图像的宽度和高度。这样虽然可以缩放图像的显示大小,但不会缩短下载时间,因为浏览器在缩放图像前会下载所有图像数据。

"源文件"选项:指定图像的源文件。

"链接"选项:指定单击图像时要显示的网页文件。

"替换"选项:指定文本,在浏览器设置为手动下载图像前,用它来替换图像的显示。在某些浏览器中,当指针滑过图像时也会显示替代文本。

"编辑图像设置"按钮 🔗:弹出"图像预览"对话框,在该对话框中对图像进行设置。

"裁剪"按钮 🗹:修剪图像的大小。

"重新取样"按钮 🔁:对已调整过大小的图像进行重新取样,以提高图片在新的大小和形状下的品质。

"亮度和对比度"按钮 🌓:调整图像的亮度和对比度。

"锐化"按钮 Δ:调整图像的清晰度。

"地图"和"指针热点工具"选项:用于设置图像的热点链接。

"垂直边距"和"水平边距"选项:指定沿图像边缘添加的边距。

"目标"选项:指定链接页面应该在其中载入的框架或窗口。

"原始"选项:为了节省浏览者浏览网页的时间,通过此选项指定在载入图像之间可快速载入的低品质图像。

"边框"选项:指定图像边框的宽度,默认无边框。

"对齐"选项:指定同一行上的图像和文本对齐方式。

4. 插入鼠标经过图像

在浏览器中查看网页时经常会看到,当鼠标指针经过图像时,该图像会变成另一幅图像;当鼠标移开后,该图像又会恢复到原来的图像。这个效果就是鼠标经过图像,可以丰富网页效果,吸引浏览者的注意,增强互动感受。

(1) 在文档窗口中,在插入点单击,确定图像插入位置。

(2) 选择"插入"面板中的"常用"选项卡,单击"图像"展开菜单中的工具按钮,如图3-19所示,在下拉菜单中选择"鼠标经过图像"命令,打开图3-22所示对话框,进行图像的选择。

"图像名称":设置这个滚动图像的名称。

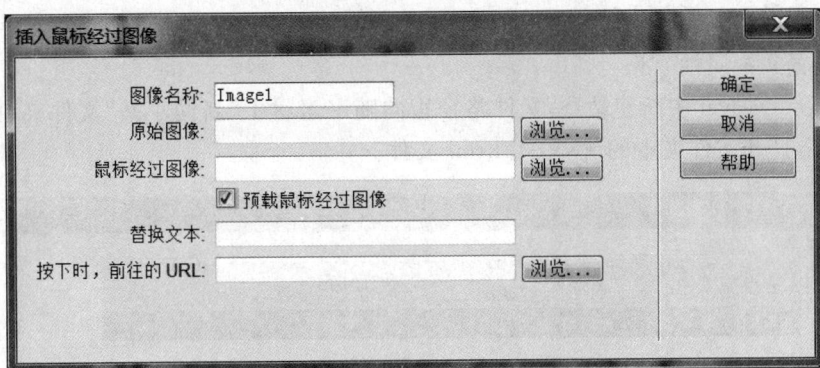

图 3-22 "插入鼠标经过图像"对话框

"原始图像"：在文本框中，可输入原始图像路径，或者单击"浏览"按钮，选择原始图像文件。

"鼠标经过图像"：在文本框中，可输入滚动图像效果中鼠标经过图像路径，或者单击"浏览"按钮，选择鼠标经过图像文件。

"预载鼠标经过图像"：选中该复选框，网页打开就预下载替换图像到本地。当鼠标经过图像时，能迅速地切换到另一张图像；如果取消该选项，当鼠标经过该图像时才下载替换图像，替换可能会出现不连贯的现象。

"替换文本"：用来设置图像的替换文本，当图像不显示时，显示这个替换文本。

"按下时，前往的 URL"：用来设置滚动图像上应用的超链接。

5. 插入图像占位符

在网页布局中，网站设计者需要先设计图像在网页中的位置，等设计方案通过后，再将这个位置改成具体图像。

(1) 在文档窗口中，在插入点单击，确定图像插入位置。

(2) 选择"插入"面板中的"常用"选项卡，单击"图像"展开菜单中的工具按钮，如图 3-19 所示，在下拉菜单中选择"图像占位符"命令，打开图 3-23 所示对话框，进行图像的选择。

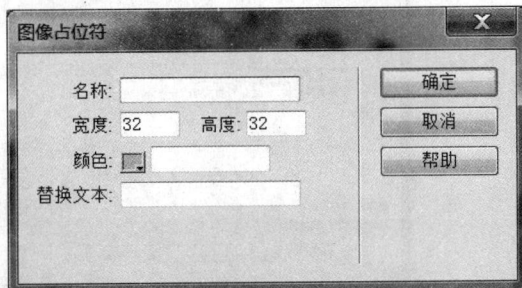

图 3-23 "图像占位符"对话框

"宽度"和"高度"：可以设置图像占位符的大小。

"颜色"：设置图像占位符区域的颜色。

6. 跟我做——新闻小站

1) 设置文本属性

在 Dreamweaver 中新建站点，文件路径指向随书素材中"新闻小站"文件夹，如图 3-24 所示。双击打开文件夹中的 xwxz-1.html 文件。

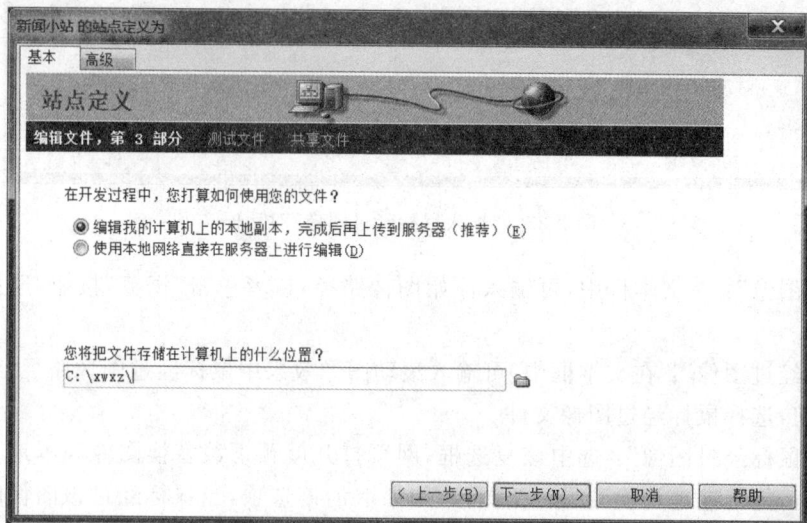

图 3-24　新建站点

选中页面内"我的新闻小站"文字，选择属性栏中 CSS 按钮，修改文字颜色为蓝色，如图 3-25 所示，填写 color。在"选择或输入选择器名称"下的文本框中输入命名的样式名称。然后单击"确定"按钮，将文字设置为蓝色。此时在代码行中，会自动添加 CSS 样式代码，如图 3-26 所示。

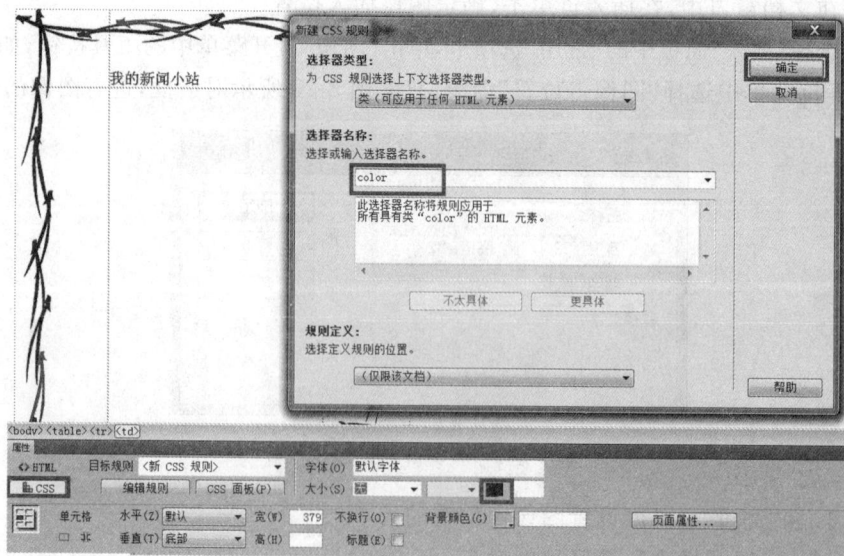

图 3-25　"新建 CSS 规则"对话框

```
1  <!DOCTYPE html PUBLIC "-//W3C//DTD XHTML 1.0 Transitional//EN" "http://www.w3.org/TR/xhtml1/DTD/xhtml1-transitional.dtd">
2  <html xmlns="http://www.w3.org/1999/xhtml">
3  <head>
4  <meta http-equiv="Content-Type" content="text/html; charset=utf-8" />
5  <title>无标题文档</title>
6  <style type="text/css">
7  <!--
8  .color {
9      color: #00F;
10 }
11 -->
12 </style>
13 </head>
```

图 3-26　添加 CSS 样式代码

　　单击表格中间位置,将提供的文字素材复制、粘贴到表格中,文字信息可重复使用,如图 3-27 所示。选中文字后,在属性面板中选择"新 CSS 规则"下的 color 命令,修改文本颜色,如图 3-28 所示。

图 3-27　插入文本信息

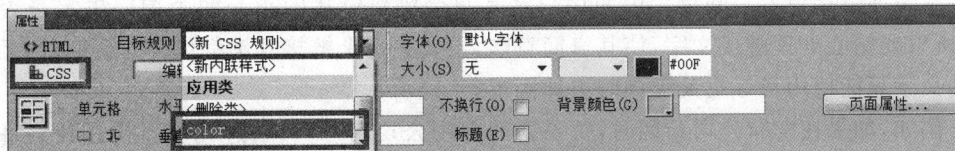

图 3-28　修改文本颜色样式

　　2) 插入图片
　　在中间单元格位置单击定位,插入图像 SNOW_ANM.GIF 文件。修改文字内容,调整网页效果如图 3-29 所示。

图 3-29   插入图像

3.2.3   超链接

超链接作为网页间的桥梁，起着相当重要的作用。超链接对象上存放某个网页文件的地址，以便用户打开相应的网页文件。在浏览网页时，当用户将鼠标指针移到文字或图像上时，鼠标指针会改变颜色或形状，就是在提示访问者：此对象为链接对象。用户只需单击这些链接对象，就可以完成打开链接的网页、下载文件、打开邮件工具发邮件等操作。

要正确创建链接就必须了解与被链接文档之间的路径。每一个网页都有一个唯一的地址，称为统一资源定位符（URL）。但是，当在网页中创建内部链接时，一般不会指定链接文档的完整 URL，而是指定一个相对当前文档或站点根文件夹的相对路径。

1. 应用链接的原则

尽量使链接更容易阅读。因为用户经常只会浏览链接的头一两个词以决定是否阅读，所以要精心处理链接文字，使其言简意赅，不要在每个链接开头都包含冗余信息，无区别的文字只能使用户寻找关键词时更加困难。

例如，如果在发布公司新闻时，每条新闻都用公司名开头，通过浏览器快速找到每条新闻的主旨就不太容易，以这种形式列出来会呈现给用户一大堆相同的词，从而给阅读造成不便。

尽量用带下划线的文字标识链接，除非是公认的链接区域。越来越多的网站热衷于将链接的下划线去掉，从而使用户不知道哪些是链接，哪些不是，有时候只能靠将鼠标移上去看是否变成一个小手指来判断。这样做的后果是很多链接失去作用。

注意链接名称。不要用普通的指令作为链接名称,如"点击""Click"等,而要用有意义的名称,如"点击下载"。不要在普通列表后使用如"更多……""more..."等,而要告诉用户点击将得到什么东西,如"更多新闻""更多软件"等。

用不同的颜色来表示链接状态。用容易区分的、不太饱和的颜色表示访问过的链接。虽然很多网站用灰色表示访问过的链接,但是灰色一般不容易阅读,而且灰色通常是控件不可用的标志,所以建议将已访问过的链接颜色设置成与正文、未访问过的链接和正在访问的链接颜色不同即可,因为这样使用户很容易区分出哪些是未访问过的链接、哪些是正文、哪些是已经访问过的链接。

小经验 如果链接的作用不是打开另一个 Web 页面,而是链接到一个 PDF 文件、打开一段声音或视频、打开应用程序等,注意要明确说明单击链接以后要发生什么,如用小图标来说明。

2. 文本链接

文本链接是以文本为链接对象的一种常用的连接方式。当浏览网页时,鼠标经过某些文本,会出现一个手形的图标,同时文本也会发生相应的变化,提示浏览者这是带有链接的文本。此时单击,会打开所链接的网页,这就是文本超链接。

作为链接对象的文本带有标志性,它标志链接网页的主要内容或主题。如图 3-30 所示,鼠标悬停在"搜狐"文字上时呈现的状态。

图 3-30 文本超链接状态

选中文字后,在属性栏中修改"链接"内容就可以为选中的文字设定链接,如图 3-31所示。

3. 图像链接

图像链接就是以图像作为链接对象,当用户单击该图像时打开链接网页或文档。单击选中图片后,在下边的属性栏中可以为图片设置链接路径,如图 3-32 所示。

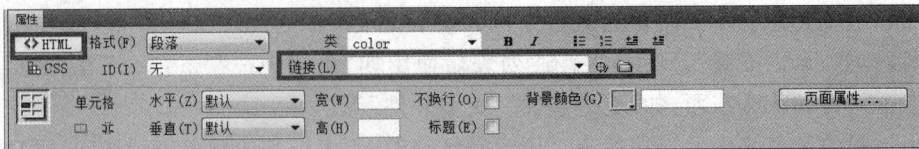

图 3-31　文本链接属性

图 3-32　图像链接属性

4. 热点链接

前面介绍的图像链接,一张图只能对应一个链接,但有时需要在图上创建多个链接去打开不同网页,热点区域链接就可以解决这个问题。热点链接是在图片的基础上建立的,创建前先选择图片,在"属性"面板的"地图"选项下方选择热区创建工具,如图 3-33 所示。

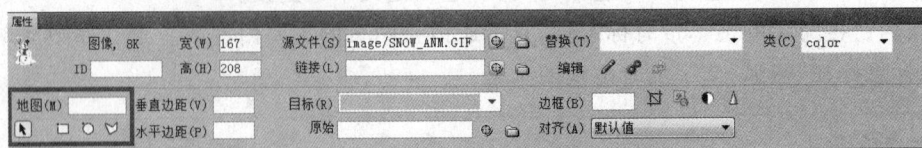

图 3-33　热区创建工具

"指针热点工具"：用于选择不同的热区。

"矩形热点工具"：用于创建矩形热区。

"圆形热点工具"：用于创建圆形热区。

"多边形热点工具"：用于创建多边形热区。

5. 跟我做——利用热点工具创建热点链接

(1) 新建空白网页,插入随书素材"创建热点链接"文件夹中提供的案例素材 index_01.jpg 图片。单击选择图片。将鼠标指针放在图片上,当鼠标指针变为"＋"形状时,在图片上拖曳出相应形状的蓝色热区,如图 3-34 所示。

图 3-34　创建热区

（2）如果有多个热点区域，可以通过热点指针工具进行选择。选择不同热区时可以通过热区的控制点调整热区大小，并在属性栏中设置链接属性，如图3-35所示。

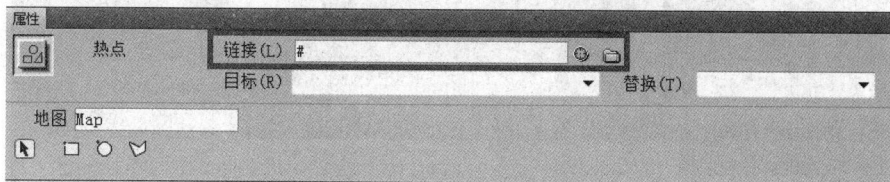

图 3-35　热区链接属性

（3）可以在"替换"选项的文本框中输入当鼠标指针指向热区时显示的替换文字。

（4）按F12键，可以预览链接效果，如图3-36所示。

图 3-36　热区范围鼠标状态

6. 锚记链接

有时网页很长，需要上下拖动滚动条来查看文档内容，为了找到其中的目标，不得不将整个文档内容浏览一遍，这样就浪费了很多时间。利用锚点链接能够精确地控制访问者在单击超链接后到达的位置，使得访问者能够快速浏览到选择的位置，加快信息检索速度。

7. 跟我做——创建锚记链接

（1）定位。打开随书素材中"创建锚记链接"的原始文档，将光标定位在插入命名锚记的位置"加盟条件"前，如图3-37所示。

（2）命名锚记。选择"插入"→"命名锚记"菜单命令，弹出图3-38所示对话框，在该对话框的"锚记名称"文本框中输入"a"。单击"确定"按钮后，可以创建锚记，锚记图标如图3-39所示。

（3）设置链接。选中左侧"加盟条件"文字内容，在属性栏的链接内容中填入"♯a"，设置锚记链接。如图3-40所示，设置后按F12键进行网页浏览，单击左侧"加盟条件"后，网页自动跳转到相应位置，如图3-41所示。

📖 **小经验** 锚记名称区分大小写，不能包含空白字符串，而且锚记不要放置在AP元素中。

图 3-37 定位

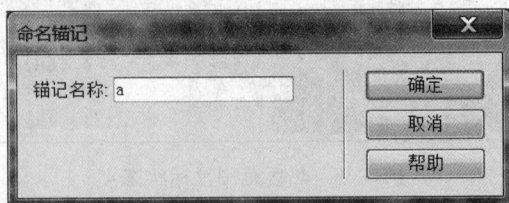

图 3-38 "命名锚记"对话框

图 3-39 创建锚记后

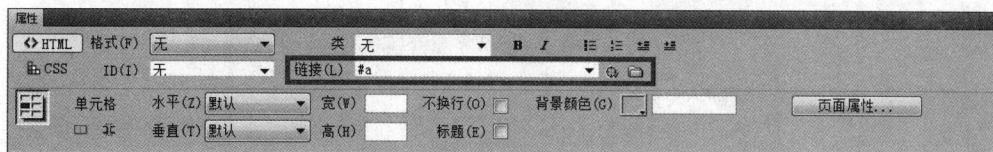

图 3-40 设置锚记链接

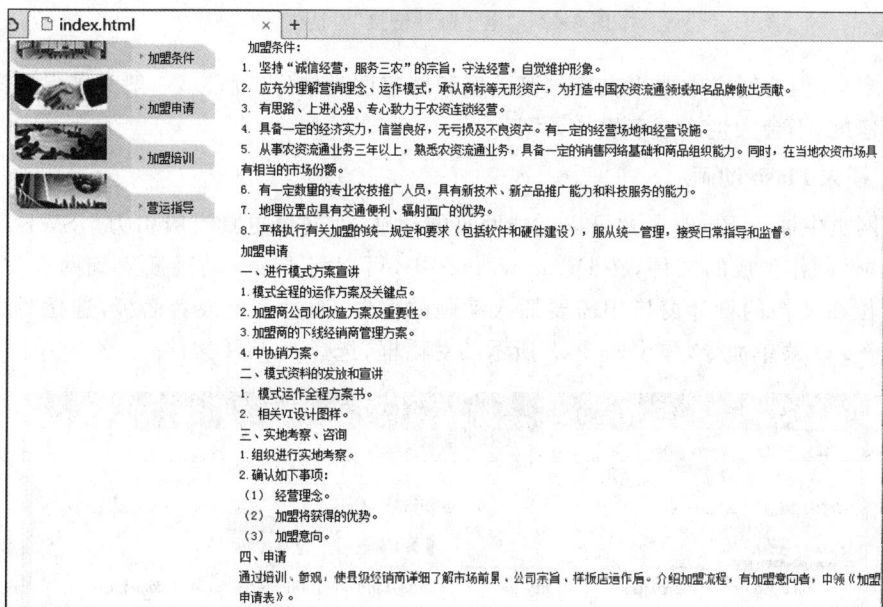

图 3-41 预览状态

8. 邮件链接

网页只能作为单项传播工具,将网站的信息传给浏览者,但网站建立者需要接收使用者的反馈信息,一种有效的方式就是让浏览者给网站发送 E-mail。可以通过网页中的电子邮件链接来实现。

1) 利用"属性"面板建立电子邮件超链接

在文档中选定对象,一般是文字,如"请联系我们"。在属性面板"链接"选项后的文本框中输入 mailto:邮箱。

2) 利用"电子邮件链接"对话框建立电子邮件超链接

在文档窗口选中需要添加电子邮件的网页对象后,选择"插入"→"电子邮件链接"菜单命令,弹出图 3-42 所示的"电子邮件链接"对话框。"文本"文本框的内容是将要显示在网页中的内容,在 E-mail 文本框中输入完整的邮箱地址,单击"确定"按钮。

3.2.4 插入媒体元素

多媒体技术的发展使网页设计者能够轻松在页面加入声音、动画、影片等内容,媒体对象在网页上一直是吸引浏览者的一个重要元素。但是,虽然多媒体对象能够使网页更

图 3-42　"电子邮件链接"对话框

加丰富多彩,但有时必须要以牺牲浏览速度和兼容性为代价。所以,一般为了保证浏览者的访问速度,不会大量运用多媒体元素。

1. 插入 Flash 动画

在网页中插入 Flash 影片可以增加网页的动感,使网页更具有吸引力。SWF 影片是 Flash 软件制作生成的文件,在 Dreamweaver 中,可以将 Flash 动画插入到网页文档中。首先定位在文档的设计窗口中需要插入动画的位置,通过菜单或者面板,选择"插入"→"媒体"→swf 菜单命令,弹出图 3-43 所示的对话框,选择 *.swf 文件。

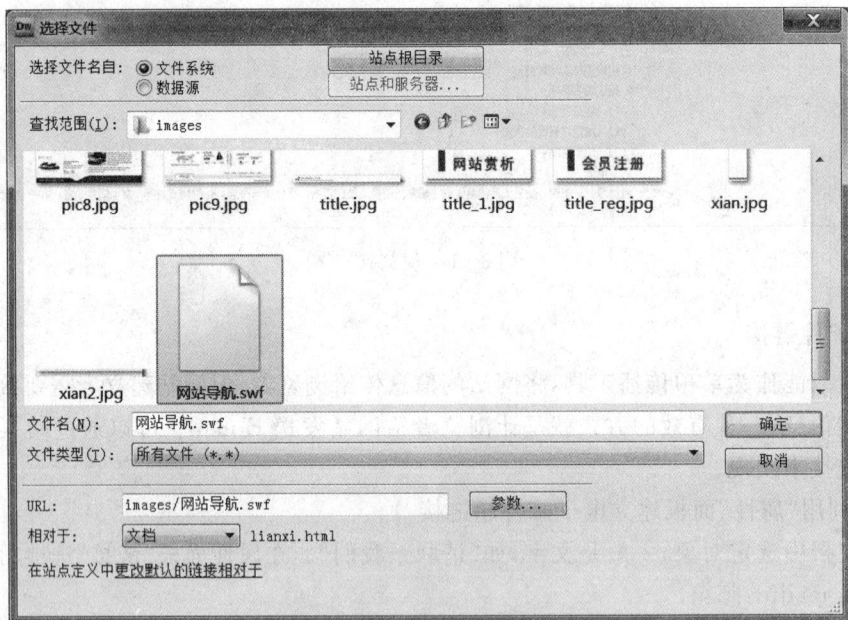

图 3-43　选择 Flash 动画

单击属性栏中的 ▶ 播放 按钮,如图 3-44 所示,可以进行动画预览。

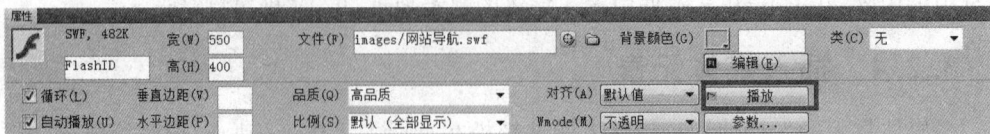

图 3-44　swf 属性

小经验 当网页中包含两个以上的 Flash 动画时,要预览所有的 Flash 内容,可以按 Ctrl+Alt+Shift+P 组合键。

2. 插入 Shockwave 影片

Shockwave 是 Web 上用于交互式多媒体的 Macromedia 标准,是一种经过压缩的格式,使在 Macromedia Director 中创建的多媒体文件能够被快速下载,而且可以在大多数常用浏览器中进行播放。

首先定位在文档设计窗口中需要插入动画的位置,通过菜单或者面板,选择"插入"→"媒体"→Shockwave 菜单命令,选择一个影片文件即可。

3. 插入 Applet 程序

Applet 是 用 Java 编 程 语 言 开 发 的、可 嵌 入 Web 页 中 的 小 型 应 用 程 序。Dreamweaver 提供了将 Java Applet 插入 HTML 文档中的功能。

首先定位在文档的设计窗口中需要插入 Applet 程序的位置,通过菜单或者面板,选择"插入"→"媒体"→Applet 菜单命令,选择一个 Java Applet 程序文件,单击"确定"按钮完成设置。

4. 插入 ActiveX 控件

ActiveX 控件也称 OLE 控件。它可以充当浏览器插件的可重复使用的组件,有些像微型的应用程序。ActiveX 控件只在 Windows 系统上的 Internet Explorer 中运行。Dreamweaver 中的 ActiveX 对象可为浏览者的浏览器中的 ActiveX 控件提供属性和参数。

首先定位在文档的设计窗口中需要插入 ActiveX 控件的位置。通过菜单或者面板,选择"插入"→"媒体"→ActiveX 命令。

3.3 用表格排版网页

表格是由若干行列组成的,行列交叉的区域为单元格。一般以单元格为单位来插入网页元素,也可以行和列为单位来修改性质相同的单元格。

3.3.1 表格基本操作

1. 插入表格

要将相关数据有序地组织在一起,必须先插入表格。选择"插入"→"表格"菜单命令,打开图 3-45 所示的"表格"对话框。设定相关参数后,单击"确定"按钮可以创建表格。

"表格大小"选项组:完成表格行数、列数以及表格宽度、边框粗细等参数的设置。

行数:确定表格行的数目。

列数:确定表格列的数目。

表格宽度:以像素为单位或按占浏览器窗口宽度的百分比指定表格的宽度。

边框粗细:指定表格边框的宽度(以像素为单位)。

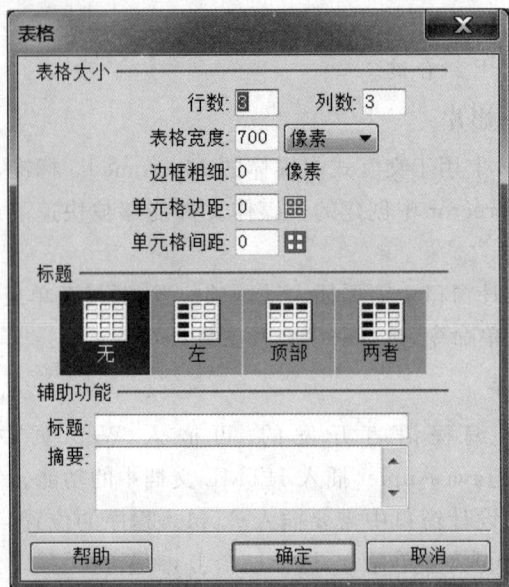

图 3-45 "表格"对话框

单元格边距：确定单元格边框与单元格内容之间的像素数。

单元格间距：决定相邻表格单元格之间的像素数。

📖**小经验** 如果没有明确指定边框粗细或单元格间距和单元格边距的值，则大多数浏览器都按边框粗细和单元格边距设置为 1、单元格间距设置为 2 来显示表格。若要确保浏览器显示表格时不显示边距或间距，请将"单元格边距"和"单元格间距"设置为 0。

然后，可以按照在表格外添加文本和图像的方式，向表格单元格中添加文本和图像。

2. 选择表格元素

可以一次选择整个表、行或列。也可以选择一个或多个单独的单元格。

当在表格、行、列或单元格上移动鼠标指针时，Dreamweaver 将高亮显示选择区域中的所有单元格，以使编辑人员知道将选择哪些单元格。

1）选择整个表格

执行下列操作之一可以进行表格的选择。

（1）单击表格的左上角、表格的顶缘或底缘的任何位置或者行或列的边框。

📖**小经验** 当可以选择表格时，鼠标指针会变成表格网格图标 🏭（除非单击行或列边框）。

（2）单击某个表格单元格，然后在"文档"窗口左下角的标签选择器中选择<table>标签。

（3）单击某个表格单元格，然后选择"修改"→"表格"→"选择表格"菜单命令。

（4）单击某个表格单元格，单击"表格标题"菜单，然后选择"选择表格"命令。所选表格的下缘和右缘出现选择柄。

2）选择单个或多个行或列

定位鼠标指针，使其指向行的左边缘或列的上边缘。

当鼠标指针变为选择箭头时，单击以选择单个行或列，或进行拖动以选择多个行或列，如图 3-46 所示。

3）选择单个列

在该列中单击，或者单击"列标题"菜单后选择"选择列"命令，如图 3-47 所示。

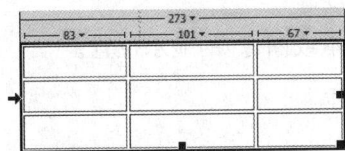

图 3-46 选择行或列

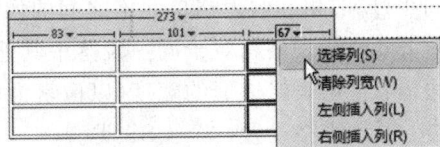

图 3-47 选择列

4）选择单个单元格

执行下列操作之一可以进行单元格的选择。

（1）单击单元格，然后在"文档"窗口左下角的标签选择器中选择<td>标签。

（2）按住 Ctrl 键（Windows）或按住 Command 键单击（Macintosh）该单元格。

（3）右击单元格，然后在弹出的快捷菜单中选择"编辑"→"全选"命令。

📖 **小经验** 选择了一个单元格后再次选择"编辑"→"全选"命令可以选择整个表格。

5）选择一行或矩形区域单元格块

执行下列操作之一可以进行一行或矩形的单元格的选择。

（1）从一个单元格拖到另一个单元格。

（2）单击一个单元格，然后按住 Ctrl（Windows）键或 Command（Macintosh）键单击以选中该单元格，接着按住 Shift 键单击另一个单元格。这两个单元格定义的直线或矩形区域中的所有单元格都将被选中，如图 3-48 所示。

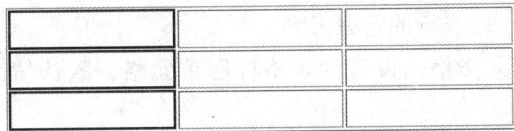

图 3-48 选择一行或矩形区域单元格

6）选择不相邻的单元格

按住 Ctrl（Windows）键或 Command（Macintosh）键单击要选择的单元格、行或列。

3. 设置表格属性

选择整张表后，可以通过"属性"面板，如图 3-49 所示，进行表格属性的修改。

行和列：表格中行和列的数量。

宽（W）：表格的宽度，以像素为单位或表示为占浏览器窗口宽度的百分比。

填充（P）：单元格内容与单元格边框之间的像素数。

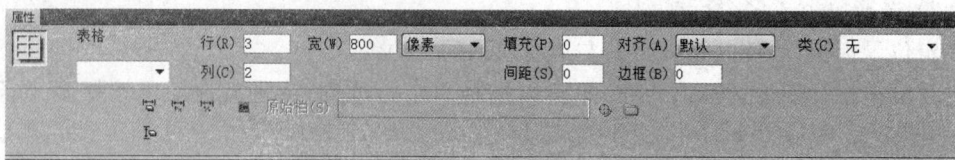

图 3-49　表格属性

间距（B）：相邻的表格单元格之间的像素数。

对齐：确定表格相对于同一段落中其他元素（如文本或图像）的显示位置。

边框：指定表格边框的宽度（以像素为单位）。

类：对该表格设置一个 CSS 类。

4. 设置单元格、行或列属性

选择单元格、列或行。可以在图 3-50 所示的"属性"面板中修改单元格、行或列的属性。

图 3-50　单元格、行和列属性

水平：指定单元格、行或列内容的水平对齐方式。此时可以将内容对齐到单元格的左侧、右侧或使之居中对齐，也可以指示浏览器使用其默认的对齐方式（通常常规单元格为左对齐，标题单元格为居中对齐）。

垂直：指定单元格、行或列内容的垂直对齐方式。可以将内容对齐到单元格的顶端、中间、底部或基线，或者指示浏览器使用其默认的对齐方式（通常是中间）。

宽和高：所选单元格的宽度和高度，以像素为单位或按整个表格宽度或高度的百分比指定。若要指定百分比，请在值后面使用百分比符号（%）。若要让浏览器根据单元格的内容以及其他列和行的宽度和高度确定适当的宽度或高度，则将此域留空（默认设置）。

背景颜色：单元格、列或行的背景颜色。

标题：将所选的单元格格式设置为表格标题单元格。默认情况下，表格标题单元格的内容为粗体并且居中。

3.3.2　导入表格式数据

通过将文件（如 Microsoft Excel 文件或数据库文件）保存为分隔文本文件，可以将表格式数据导入到文档中。

可以导入表格式数据并设置其格式，并且从 Microsoft Word HTML 文档中导入文本。还可以将文本从 Microsoft Excel 文档添加到 Dreamweaver 文档中。

选择"文件"→"导入"→"导入表格式数据"菜单命令，或选择"插入"→"表格对象"→"表格式数据"菜单命令。浏览所需的文件或在文本框中输入所需文件的名称。

选择将文件保存为分隔文本时使用的分隔符。选项包括"制表符""逗号""分号""冒号"和"其他"。如果选择"其他",则该选项旁边将出现一个空白字段。输入用作分隔符的字符。使用其余选项设置格式或定义要向其中导入数据的表格,然后单击"确定"按钮。

3.3.3　跟我做——利用表格排版网页

表格最基本的作用是让复杂的数据变得更有条理,让人容易看懂,在设计页面时,往往要利用表格来布局定位网页元素。这一节通过表格布局来创建图 3-51 所示的效果网页。

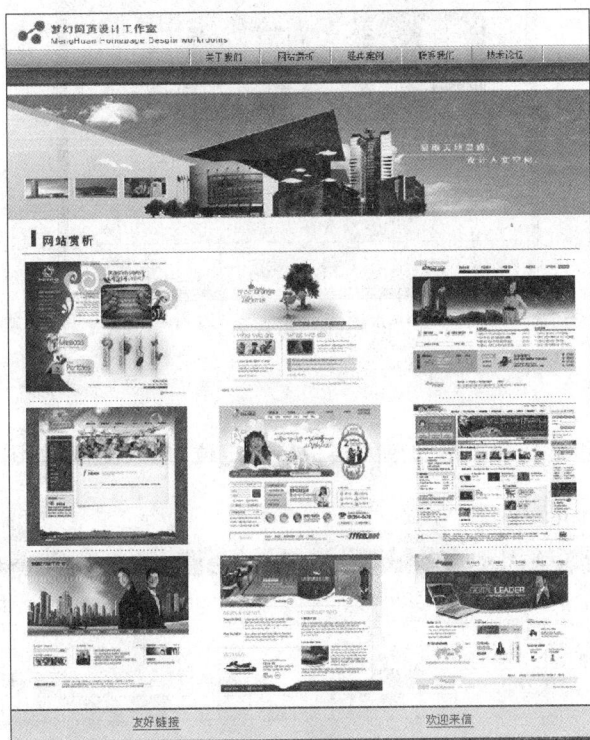

图 3-51　案例效果

1. 创建站点

建立站点文件夹,将随书素材中"利用表格排版网页"中的图片素材 images 复制粘贴到站点文件夹中。

在 Dreamweaver 中,选择"站点"→"新建站点"菜单命令,通过导航提示创建站点。

2. 创建表格

在站点中新建空白网页并打开,根据网页效果图创建表格,如图 3-52 所示,并在属性栏中,选择对齐属性为"居中对齐"。

3. 修改表格

选中第一行 3 个单元格并右击,在弹出的快捷菜单中选择"表格"→"合并单元格"命令,将第一行表格合成一行。使用同样的方法将第二、第三、第四、第五与第九行多列单元格合并在一行。

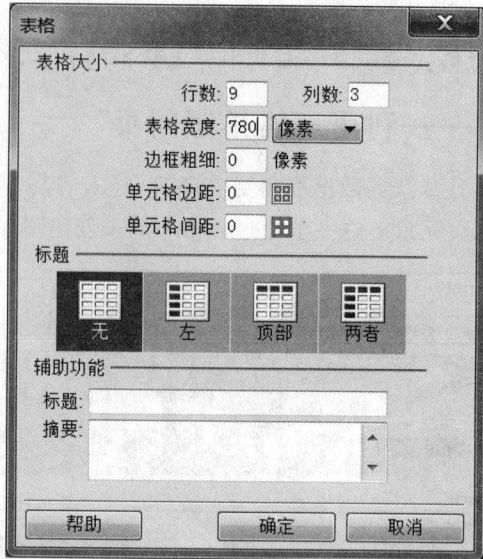

图 3-52　表格设置

4. 设置图像

分别在第一行和第二行表格的单元格中单击定位,插入图像,如图 3-53 所示。

图 3-53　插入前两张图

在第三行表格中单击定位,通过"拆分"窗口添加代码,为单元格添加背景,在定位单元格代码的标签">"中,按空格键,在弹出的下拉列表中选择 background 命令,如图 3-54 所示。

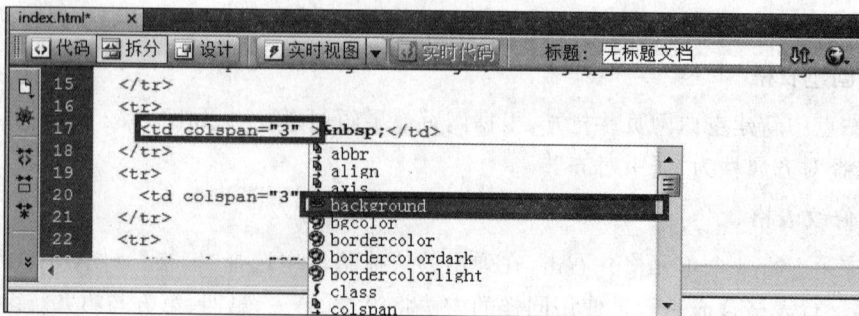

图 3-54　添加单元格背景图像

双击选择后弹出图 3-55 所示内容,通过"浏览"命令找到背景图像,如图 3-56 所示。

图 3-55 浏览

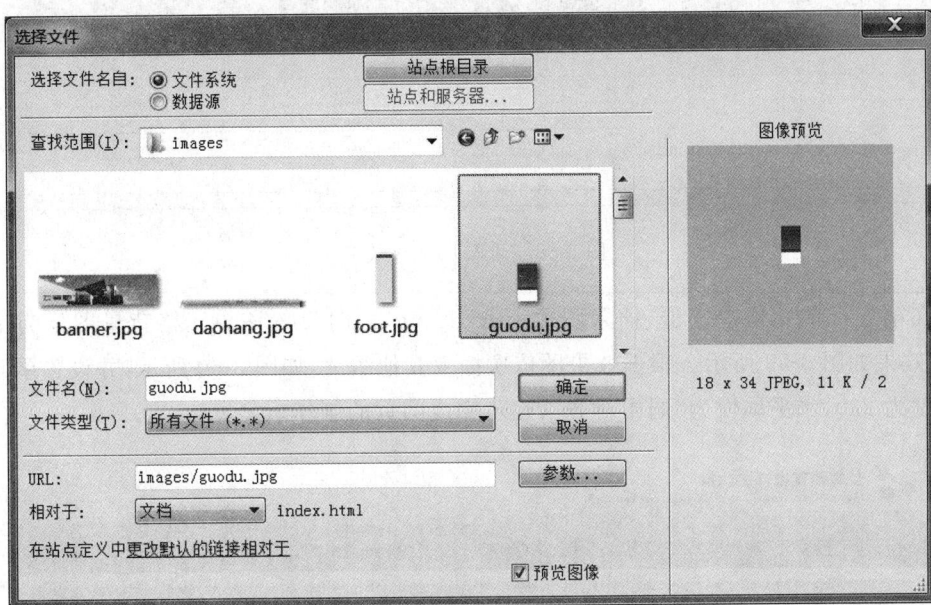

图 3-56 选择图像

把图像插入到网页中后的代码如图 3-57 所示。

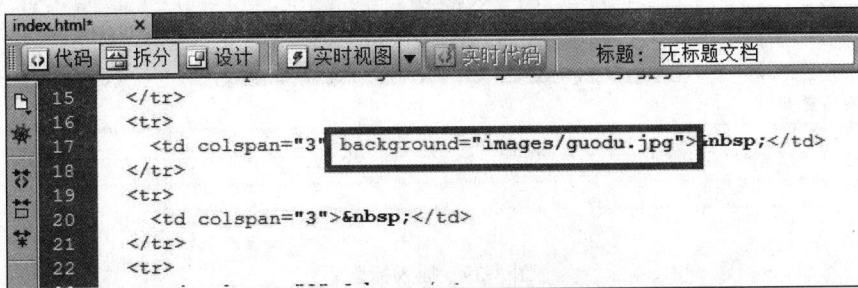

图 3-57 插入图像背景后的代码

　　回到"设计"状态,将单元格高度改为 34,并在第四行中插入 banner 图像,得到网页效果如图 3-58 所示。

图 3-58　插入 banner 效果

　　在第五行单元格中定位,插入图像 title_1.jpg,同时设置该单元格背景图像为 xian.jpg,效果如图 3-59 所示。根据效果图依次插入其他图片,如图 3-60 所示,并设置单元格的高度为 230,水平属性为"居中对齐",逐步完成网页的制作。

图 3-59　插入标题

图 3-60   插入图片

3.4   模板与库

每个网站都是由多个整齐、规范、流畅的网页组成的。为了保持站点中网页风格的统一，需要在每个网页中制作一些相同的内容，如相同栏目下的导航条、各类图标等。为了提高设计者的工作效率，Dreamweaver 提供了模板与库的功能。

3.4.1   "资源"控制面板

"资源"控制面板用于管理和使用制作网站的各种元素，如图像或影片文件等。选择"窗口"→"资源"菜单命令，打开"资源"控制面板，如图 3-61 所示。

"资源"控制面板提供了"站点"和"收藏"两种查看方式。"站点"列表显示站点的所有资源，"收藏"列表仅显示用户曾明确选择的资源。在这两个列表中，资源被分成图像、颜色、URLs、SWF、Shockwave、影片、脚本、模板、库 9 种类别，显示在"资源"控制面板的左侧。

在"模板"列表中，控制面板底部排列 5 个按钮，如图 3-62 所示，分别是"插入"按钮、"刷新站点列表"按钮、"编辑"按钮、"添加到收藏夹"按钮、"删除"按钮。"插入"按钮用于将"资源"面板中的元素直接插入到文档中；"刷新站点列表"按钮用于刷新站点列表。

"新建模板"按钮用于建立新的模板；"编辑"按钮用于编辑当前选定的元素；"删除"按钮用于删除选定的元素。在空白区域右击，或者单击控制面板右上方的菜单按钮，弹出快捷菜单,如图 3-63 所示,其中包括"资源"面板中的一些常用命令。

图 3-61 "资源"控制面板　　图 3-62 "模板"列表　　图 3-63 "模板"快捷菜单

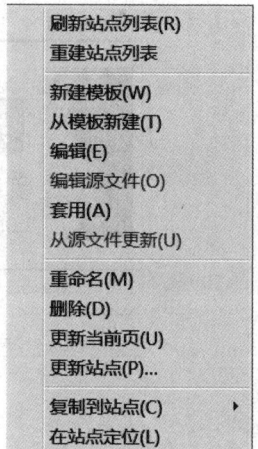

3.4.2 模板

1. 认识模板

模板是一种特殊类型的文档,用于设计"固定的"页面布局;设计者可以基于模板创建文档,创建的文档会继承模板的页面布局。设计模板时,可以指定在基于模板的文档中哪些内容是用户"可编辑的"。使用模板,模板创作者控制哪些页面元素可以由模板用户(如作家、图形艺术家或其他 Web 开发人员)进行编辑。

Dreamweaver CS5 共有 4 种类型的模板区域。

1) 可编辑区域

基于模板的文档中未锁定的区域,也就是模板用户可以编辑的部分。模板创作者可以将模板的任何区域指定为可编辑的。要使模板生效,其中至少应该包含一个可编辑区域;否则基于该模板的页面是不可编辑的。

2) 重复区域

文档布局的一部分,设置该部分可使模板用户必要时在基于模板的文档中添加或删除重复区域的副本。例如,可以设置重复一个表格行。重复部分是可编辑的,这样,模板用户可以编辑重复元素中的内容,而设计本身则由模板创作者控制。

可以在模板中插入的重复区域有两种:重复区域和重复表格。

3) 可选区域

模板中放置内容(如文本或图像)的部分,该部分在文档中可以出现也可以不出现。在基于模板的页面上,模板用户通常控制是否显示内容。

4) 可编辑标签属性

用于对模板中的标签属性解除锁定,这样便可以在基于模板的页面中编辑相应的属性。例如,可以"锁定"出现在文档中的图像,而允许模板用户将对齐设置为左对齐、右对齐或居中对齐。

2. 创建模板

在 Dreamweaver CS5 中创建模板如同制作网页一样。当用户创建模板之后,Dreamweaver 自动把模板存储在站点本地根目录下的 Templates 子文件夹中,使用文件扩展名为 * . dwt。如果此文件夹不存在,当存储一个新模板时,Dreamweaver CS5 将自动生成该子文件夹。

选择"插入"→"常用"→"模板"→"创建模板"菜单命令,或者选择"文件"→"另存为模板"菜单命令,可以将当前文档转换为模板文档,如图 3-64 所示。在"另存为"文本框中输入模板名称。

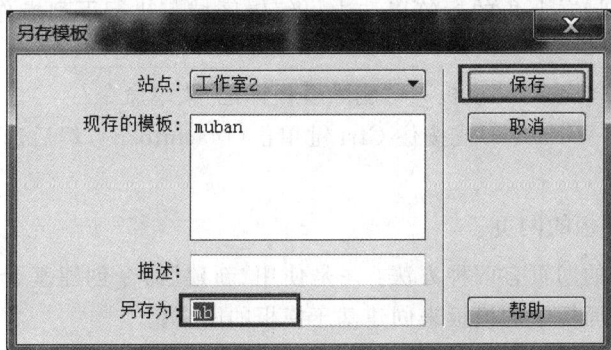

图 3-64 "另存模板"对话框

3. 定义和取消可编辑区域

创建模板后,网站设计者需要根据用户的需求对模板的内容进行编辑,指定哪些内容是可以编辑的,哪些内容是不可以编辑的。模板的不可编辑区域是指模板创建的网页中固定不变的元素,模板的可编辑区域是指基于模板创建的网页中用户可以编辑的区域。

当创建一个模板或将一个网页另存为模板时,Dreamweaver CS5 默认将所有区域标志为锁定,因此用户要根据具体要求定义和修改模板的可编辑区域。

小经验 当模板应用于文档时,用户只能在可编辑区域中进行更改,无法修改锁定区域。

1) 定义可编辑区域

(1) 选择区域。

方法一:选择想要设置为可编辑区域的文本或内容。

方法二：将插入点放在想要插入可编辑区域的地方。

（2）插入可编辑区域。

方法一：选择"插入"→"模板对象"→"可编辑区域"菜单命令。

方法二：在"插入"面板的"常用"类别中，单击"模板"按钮，然后从弹出菜单中选择"可编辑区域"命令。

（3）命名可编辑区域。

在"名称"框中为该区域输入唯一的名称（不能对特定模板中的多个可编辑区域使用相同的名称）。

📖 **小经验** 不要在"名称"框中使用特殊字符。

单击"确定"按钮结束创建可编辑区域过程。可编辑区域在模板中由高亮显示的矩形边框围绕，该边框使用在首选参数中设置的高亮颜色。该区域左上角的选项卡显示该区域的名称。如果在文档中插入空白的可编辑区域，则该区域的名称会出现在该区域内部。

2）删除可编辑区域

如果已经将模板文件的某个区域标记为可编辑，现在想要重新锁定该区域（使其在基于模板的文档中不可编辑），可以使用"删除模板标记"命令。

单击可编辑区域左上角的标签以选中可编辑区域。执行下列操作之一删除可编辑区域。

方法一：选择"修改"→"模板"→"删除模板标记"菜单命令。

方法二：右击（Windows）或按住 Ctrl 键单击（Macintosh），然后选择"模板"→"删除模板标记"命令。

4. 创建基于模板的网页

创建基于模板的网页有两种方法：一是使用"新建"命令创建基于模板的新文档；二是应用"资源"控制面板中的模板来创建基于模板的网页。

5. 跟我做——利用模板创建网页

要想使用模板，前期必须先建立站点。

（1）基础网页。

可以在生成模板前，先制作与模板布局基本一致的基础网页，如图 3-65 所示。

（2）创建模板。

选择"文件"→"另存为模板"菜单命令，如图 3-66 所示，填写模板名称，单击"保存"按钮。在站点下自动生成 Templates 文件夹，同时将 dwt 格式模板文件存在其中，如图 3-67 所示。

（3）插入可编辑区域。

双击打开模板，将光标定位在将来进行网页编辑的地方，插入可编辑区域，如图 3-68 所示。

（4）新建空白网页。

在"文件"面板站点上右击，在弹出的快捷菜单中选择"新建文件"命令，如图 3-69 所示，并修改文件名称为 about.html，如图 3-70 所示。

图 3-65　基础网页

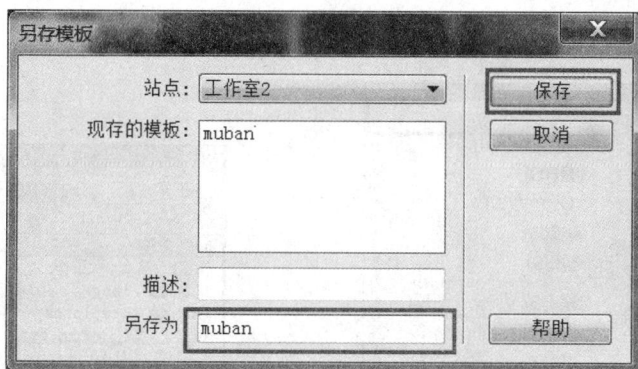

图 3-66　创建模板

图 3-67　自动存放文件

（5）使用模板创建网页。

双击打开新建的空白网页文件进行编辑。选择"资源"面板左侧的"模板"按钮，如图 3-71 所示，可以打开看见模板，单击"应用"按钮或者直接拖动到左边空白文档中，即可完成使用模板创建网页局部。

图 3-68　插入可编辑区域

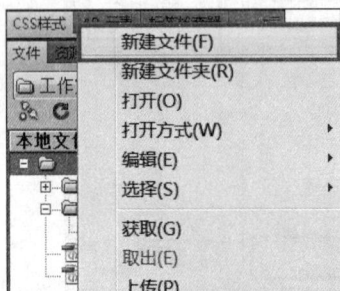

图 3-69　新建空白文件

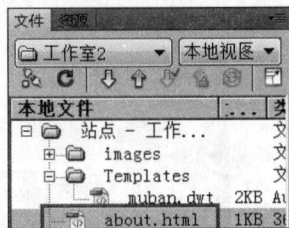

图 3-70　修改文件名称

图 3-71　使用模板

（6）定位在可编辑区域，将文本信息复制粘贴到网页，完成网页效果，如图3-72所示为完成的"关于我们"的网页效果。

图3-72 "关于我们"的网页效果

小经验 在可编辑区域内，如果结构相对比较复杂，可以通过插入表格再次进行排版布局，设置网页效果。

3.4.3 库

库是存储重复使用的页面元素的集合，是一种特殊的文件，库文件也称库项目。通常情况下，先将经常重复使用或更新的页面元素创建成库文件，需要时将库文件（即库项目）插入到网页中。当修改库文件时，所有包含该项目的页面都将被更新。因此，使用库文件可大大提高网页制作者的工作效率。

1. 创建库文件

1）基于选定内容创建库项目

在"文档"窗口中，选择要保存为库项目的文档部分。执行下列操作之一可实现创建。

（1）将选定内容拖入"库"类别 📖。

（2）单击"库"类别底部的"新建库项目"按钮 ➕。

（3）选择"修改"→"库"→"增加对象到库"命令。

为新的库项目输入一个名称,然后按 Enter 键。

Dreamweaver 将每个库项目作为一个单独的文件(文件扩展名为 .lbi)保存在站点本地根文件夹下的 Library 文件夹中。

2)创建空白库项目

首先,确保在"文档"窗口中没有选择任何内容。如果选择了某些内容,它们将被放入新的库项目中。然后,在"资源"面板中,选择"库"类别 📖,或者单击面板底部的"新建库项目"按钮 ➕,创建空白库项目。

在项目仍然处于选定状态时,为该项目输入一个名称,然后按 Enter(Windows)键或 Return(Macintosh)键。

2. 向页面添加库项目

当向页面添加库项目时,将把实际内容以及对该库项目的引用一起插入文档中。此时,无须提供原项目就可以正常显示,在页面中插入库项目的具体步骤如下。

(1)在"文档"窗口中设置插入点。

(2)在"资源"面板中,选择"库"类别 📖。然后,执行下列操作之一。

① 将一个库项目从"资源"面板拖动到"文档"窗口中。

② 选择一个库项目,然后单击"插入"按钮。

📖小经验 若要在文档中插入库项目的内容而不包括对该项目的引用,需要从"资源"面板向外拖动该项目时按 Ctrl 键。如果用这种方法插入项目,则可以在文档中编辑该项目,但当更新使用该库项目的页面时,文档不会随之更新。

3. 编辑库项目

当编辑库项目时,可以更新使用该项目的所有文档。如果选择不更新,文档将保持与库项目的关联,可以在以后更新文档。可以重命名项目来断开它与文档或模板的连接,可以从站点的库中删除项目,还可以重新创建丢失的库项目。

📖小经验 当编辑库项目时,"CSS 样式"面板不可用,因为库项目只能包含 body 元素,并且层叠样式表(CSS)代码插入到文档的 head 部分内。"页面属性"对话框也不可用,因为库项目中不能包含 body 标签或其属性。

编辑库项目的方法如下。

(1)在"资源"面板中,选择"库"类别 📖。

(2)选择库项目。

(3)单击"编辑"按钮 📝或双击该库项目。

Dreamweaver 将打开一个与"文档"窗口类似的新窗口,用于编辑该库项目。灰色背景表示正在编辑库项目,而不是在编辑文档。

(4)进行相应的更改,然后保存。

(5)指定是否更新本地站点中使用该库项目的文档。选择"更新"可立即进行更新。如果选择"不更新",则不会更新文档,直到选择"修改"→"库"→"更新当前页"命令或"更新页面"命令。

4. 重命名库项目

在"资源"面板中,选择"库"类别 📖。选择库项目,暂停,然后再次单击(不要双击资源名称,双击操作将打开资源进行编辑)。输入新的名称。单击别处或者按 Enter 键。选择"更新"或"不更新",指定是否更新使用该项目的文档。完成重命名库项目。

5. 从库中删除库项目

当删除库项目时,Dreamweaver 将从库中删除该项目,但不更改使用该项目的任何文档的内容。在"资源"面板中,选择"库"类别 📖。选择库项目。单击"删除"按钮或按 Del 键,然后确认要删除该项目。

📖**小经验** 如果删除了某个库项目,则不能使用"撤销"来找回该项目。不过,可以重新创建该项目。

6. 重新创建丢失或已删除的库项目

在某个文档中选择该项目的一个实例。在属性检查器("窗口"→"属性")中单击"重新创建"按钮。

7. 跟我做

1)基于选定内容创建库项目

打开 ku1.html 文件,选中整张表格,选择"窗口"→"资源"菜单命令,启用"资源"面板。单击"库"按钮,进入"库"面板,将选定的网页元素拖动到"资源"控制面板中,如图 3-73 所示。然后为库项目修改名称。

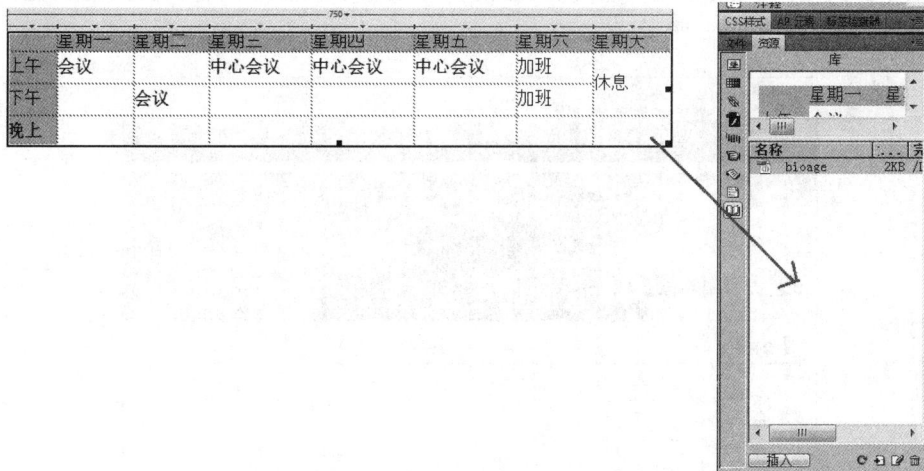

图 3-73 创建库项目

2)应用库项目

在需要库项目的网页位置定位后,选中库项目中的库,直接单击库项目面板中"插入"按钮,或者拖动到页面相应位置,就可以将库项目重复应用到网页中,如图 3-74 所示。

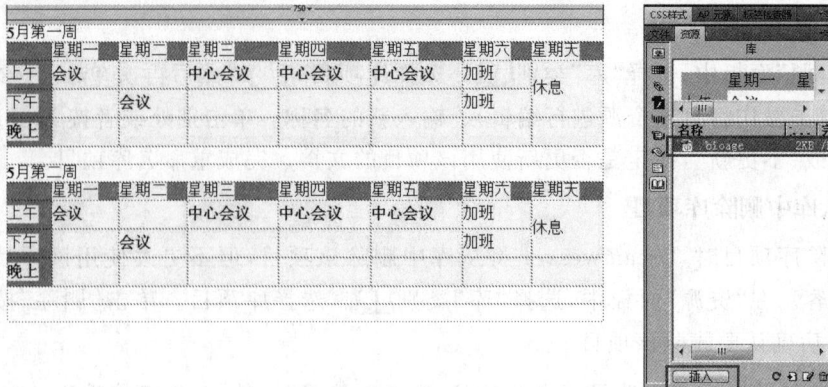

图 3-74　应用库项目

3.5　交互式网页

3.5.1　表单概述

在 Web 网站中，表单无所不在。它们是通过调查表、反馈页面、博客评论和购物车收集信息的重要工具。当访问者在 Web 浏览器中显示的 Web 表单中输入信息，然后单击"提交"按钮，这些信息将被发送到服务器，服务器中的服务器端脚本或应用程序会对这些信息进行处理。

服务器向用户（或客户端）发回所处理的信息或基于该表单内容执行某些其他操作，以此进行响应，如图 3-75 所示。

图 3-75　会员注册页面效果

可以创建将数据提交到大多数应用程序服务器的表单，在 Dreamweaver 中，表单输入类型称为表单对象。表单对象是允许用户输入数据的机制。

3.5.2 创建表单

在文档窗口中单击定位，选择"插入"→"表单"→"表单"菜单命令，在文档窗口中出现一个红色的虚轮廓线用来表示表单域，如图 3-76 所示。

图 3-76 表单

3.5.3 表单属性

选中表单后，可以通过"属性"面板来修改表单属性，如图 3-77 所示。

图 3-77 表单属性

"表单 ID"：＜form＞标记的 name 参数，用于表示表单的名称。每个表单的名称都不能相同。

"动作"：＜form＞标记的 action 参数，用于设置处理该表单数据的动态网页路径。

"方法"：＜form＞标记的 method 参数，用于设置将表单数据传输到服务器的方法。

"编码类型"：＜form＞标记的 enctype 参数。用于设置对提交给服务器的数据使用的编码类型。

"目标"：＜form＞标记的 target 参数，用于设置一个窗口，在该窗口中显示处理表单后返回的数据。

3.5.4 表单对象

在 Dreamweaver 中，表单输入类型称为表单对象。表单对象是允许用户输入数据的机制。

1. 文本域

文本域接受任何类型的字母或数字文本输入内容。文本可单行或多行显示，也可以密码域的方式显示，在这种情况下，输入文本将被替换为星号或项目符号，以避免旁观者看到这些文本，如图 3-78 所示。

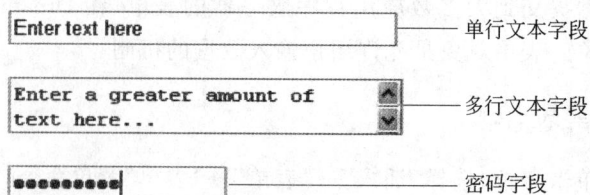

图 3-78　文本域的不同设置状态

2. 复选框与单选按钮

1）复选框

允许在一组选项中选择多个选项。用户可以选择任意多个适用的选项。图 3-79 所示选中了 3 个复选框选项。

2）单选按钮

代表互相排斥的选择。在某单选按钮组（由两个或多个共享同一名称的按钮组成）中选择一个按钮，就会取消选择该组中的所有其他按钮，如图 3-80 所示效果。

3. 列表和菜单

在一个滚动列表中显示选项值，用户可以从该滚动列表中选择多个选项，如图 3-81 所示。"列表"选项在一个菜单中显示选项值，用户只能从中选择单个选项。在下列情况下使用菜单：只有有限的空间但必须显示多个内容项，或者要控制返回给服务器的值。菜单与文本域不同，在文本域中用户可以随心所欲输入任何信息，甚至包括无效的数据，对于菜单而言，可以具体设置某个菜单返回的确切值。

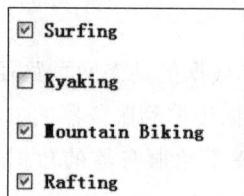

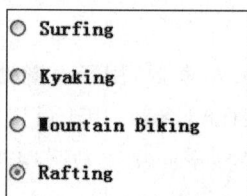

图 3-79　复选框　　　　　图 3-80　单选按钮　　　　　图 3-81　列表

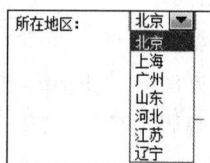

添加列表对象后，单击选择该对象，然后在属性面板中选择"列表值"按钮，打开图 3-82 所示对话框，可以通过"＋"按钮，增加项目标签，通过"－"按钮，删除项目标签。

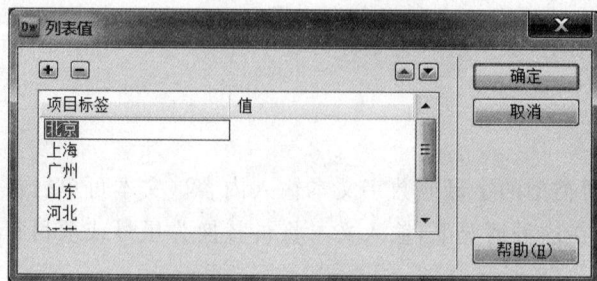

图 3-82　"列表值"对话框

小经验 HTML 表单上的弹出菜单与图形弹出菜单不同。有关创建、编辑以及显示和隐藏图形弹出菜单的信息,请访问此部分末尾的链接。

4. 按钮

在单击时执行操作。可以为按钮添加自定义名称或标签,或者使用预定义的"提交"或"重置"标签。使用按钮可将表单数据提交到服务器,或者重置表单。还可以指定其他已在脚本中定义的处理任务。例如,可能会使用按钮根据指定的值计算所选商品的总价。

5. 跟我做——会员注册页面

(1)创建空白页面,并应用模板,得到图 3-83 所示效果。

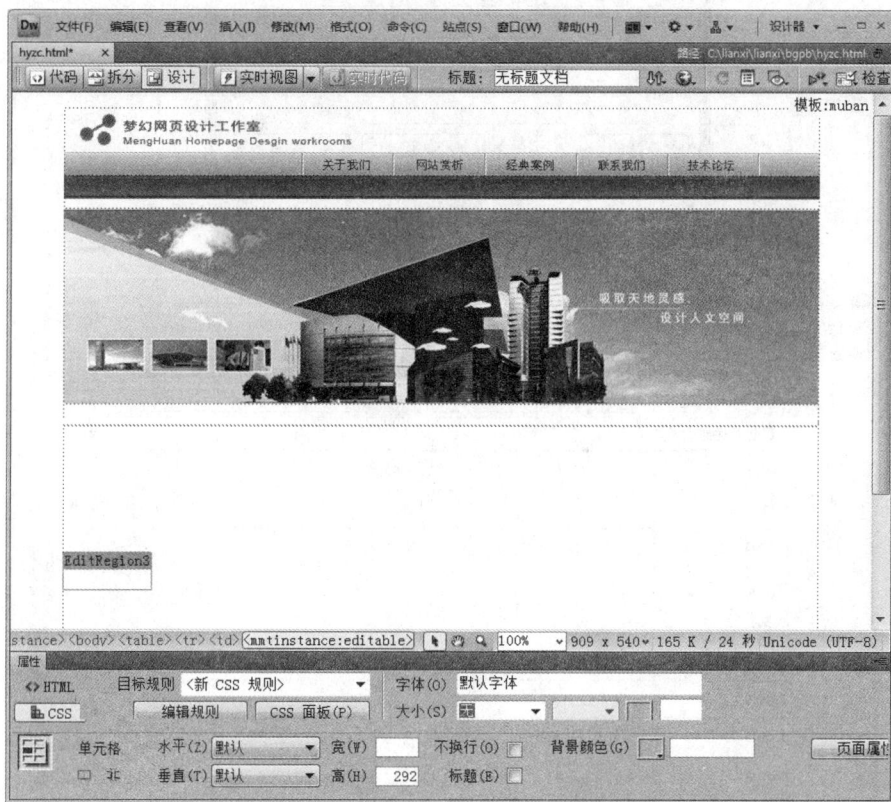

图 3-83 应用模板

(2)光标定位在可编辑区域,选择"插入"→"表单"→"表单"菜单命令。

(3)利用表格排版。

选择"插入"→"表格"菜单命令,如图 3-84 所示。输入文本信息,如图 3-85 所示。

(4)插入表单对象。

通过选择"插入"→"表单"菜单命令,弹出文本域、单选按钮组、复选框组、列表/菜单、按钮命令界面,从中可创建表单对象,如图 3-86 所示。

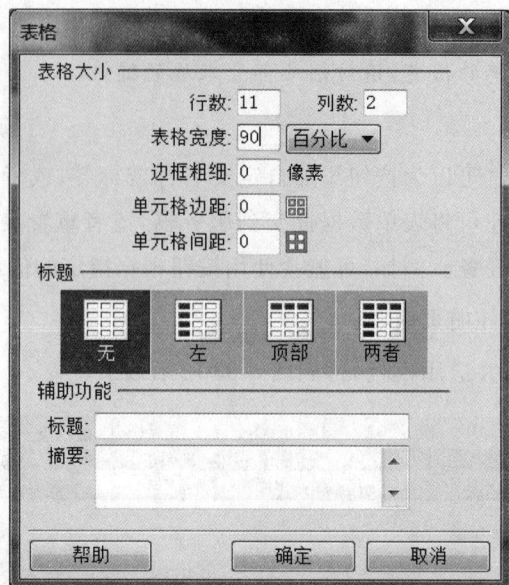

图 3-84 设置表格参数

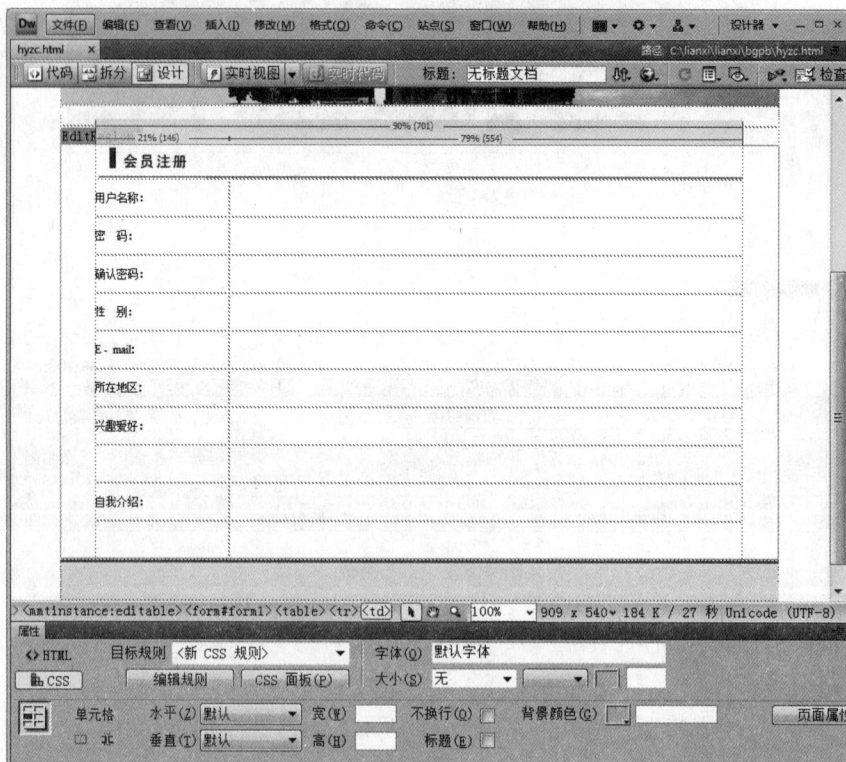

图 3-85 输入文本信息

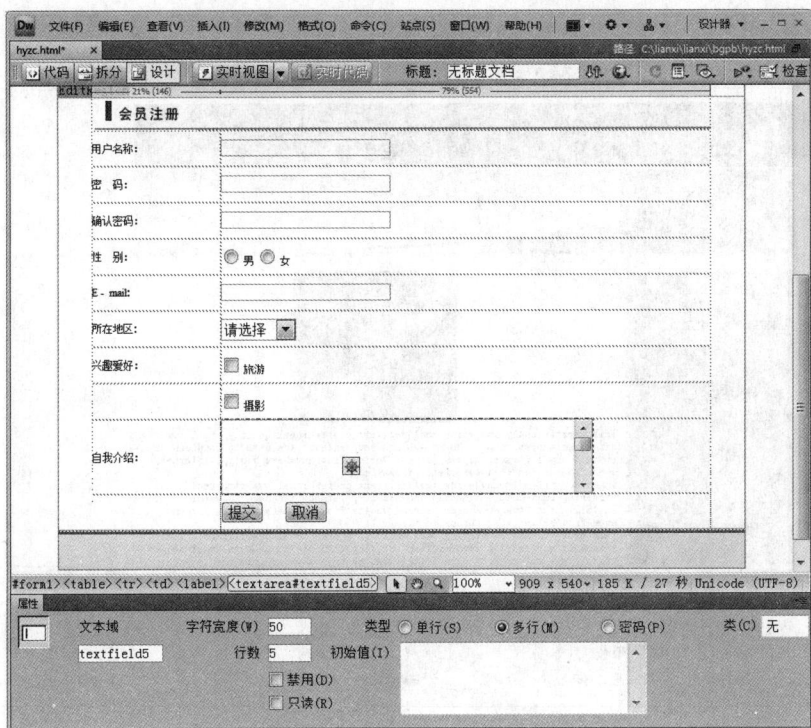

图 3-86 插入表单对象

3.6 框架布局

框架的出现大大丰富了网页的布局手段以及页面之间的组织形式。浏览者通过框架可以很方便地在不同页面之间跳转及操作,BBS 论坛页面以及网站中邮箱的页面都是通过框架来实现的。

3.6.1 框架与框架集

框架提供将一个浏览器窗口划分为多个区域,每个区域都可以显示不同 HTML 文档的方法。使用框架的最常见情况就是:一个框架显示包含导航控件的文档,而另一个框架显示包含内容的文档。框架集是 HTML 文件,它定义一组框架的布局和属性,包括框架的数目、框架的大小和位置以及最初在每个框架中显示的页面的 URL。

框架集文件本身不包含要在浏览器中显示的 HTML 内容,但 noframes 部分除外。框架集文件只是向浏览器提供应如何显示一组框架以及在这些框架中应显示哪些文档的有关信息。

图 3-87 显示了一个由 3 个框架组成的框架布局:一个较窄的框架位于侧面,其中包含导航条;一个框架横放在顶部,其中包含 Web 站点的徽标和标题;一个大框架占据了页面的其余部分,其中包含主要内容。这些框架中的每一个都显示单独的 HTML 文档。

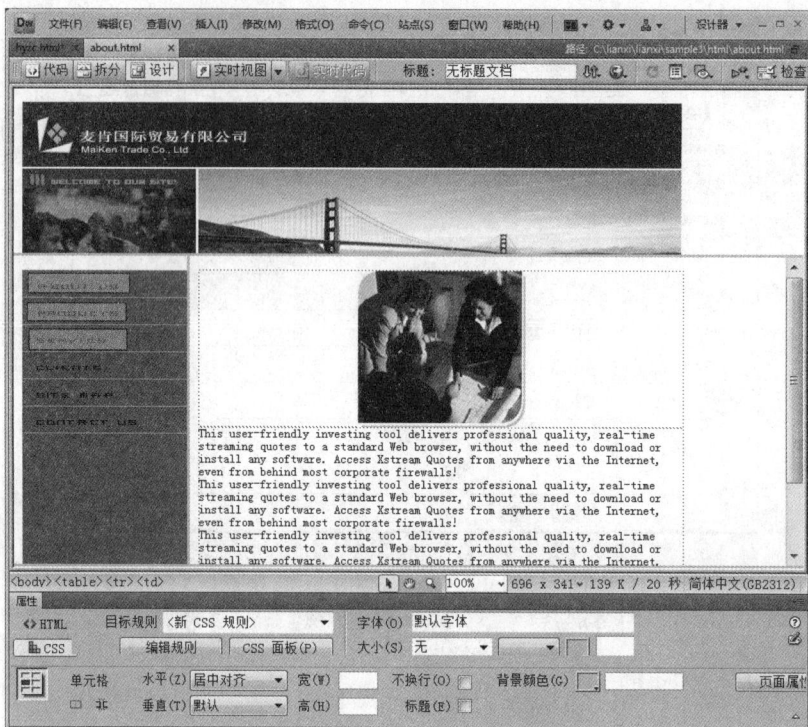

图 3-87　框架页面

在此示例中,当访问者浏览站点时,在顶部框架中显示的文档永远不更改。侧面框架导航条包含链接;单击其中某一链接会更改主要框架的内容,但侧面框架本身的内容保持静态。当访问者在左侧单击某个链接时,会在右侧的主内容框架中显示相应的文档。

3.6.2　创建框架和框架集

在 Dreamweaver 中有两种创建框架集的方法:既可以从若干预定义的框架集中选择,也可以自己设计框架集。选择预定义的框架集将会设置创建布局所需的所有框架集和框架,是迅速创建基于框架的布局的最简单方法。只能在"文档"窗口的"设计"视图中插入预定义的框架集。

还可以通过向"文档"窗口中添加"拆分器",在 Dreamweaver 中设计自己的框架集。

小经验　在创建框架集或使用框架前,通过选择"查看"→"可视化助理"→"框架边框"菜单命令,使框架边框在"文档"窗口的"设计"视图中可见。

1. 创建预定义的框架集并在某一框架中显示现有文档

将插入点放在文档中并执行下列操作之一。

(1) 选择"插入"→HTML→"框架"菜单命令,并选择预定义的框架集。

(2) 在"插入"面板的"布局"类别中,单击"框架"按钮上的下拉箭头,然后选择预定义的框架集。

框架集图标提供应用于当前文档的每个框架集的可视化表示形式。框架集图标的蓝色区域表示当前文档,而白色区域表示将显示其他文档的框架。

2. 创建空的预定义框架集

(1) 选择"文件"→"新建"菜单命令。

(2) 在"新建文档"对话框中选择"示例中的页"类别。

(3) 在"示例文件夹"列中选择"框架集"文件夹。

(4) 从"示例页"列中选择一个框架集并单击"创建"按钮。

如果已在"首选参数"中激活框架辅助功能属性,则会出现"框架标签辅助功能属性"对话框,可以为每个框架完成此对话框,然后单击"确定"按钮。如果单击"取消"按钮,该框架集将出现在文档中,但 Dreamweaver 不会将它与辅助功能标签或属性相关联。

3. 创建框架集

选择"修改"→"框架集"菜单命令,然后从子菜单选择"拆分"命令(如"拆分左框架"或"拆分右框架")。Dreamweaver 将窗口拆分成几个框架。如果打开一个现有的文档,它将出现在其中一个框架中。

4. 将一个框架拆分为几个更小的框架

要拆分插入点所在的框架,从"修改"→"框架集"子菜单选择"拆分"命令。若要以垂直或水平方式拆分一个框架或一组框架,将框架边框从"设计"视图的边缘拖入到"设计"视图的中间。若要使用不在"设计"视图边缘的框架边框拆分一个框架,按住 Alt 键拖动框架边框。

若要将一个框架拆分成 4 个框架,需要将框架边框从"设计"视图一角拖入框架的中间。

若要创建 3 个框架,首先要创建两个框架,然后拆分其中一个框架。不编辑框架集代码是很难合并两个相邻框架的,所以将 4 个框架转变成 3 个框架要比将两个框架转变成 3 个框架更难。

3.6.3 删除框架

将边框框架拖离页面或拖到父框架的边框上。如果要删除的框架中的文档有未保存的内容,则 Dreamweaver 将提示保存该文档。

📖**小经验** 不能通过拖动边框完全删除一个框架集。要删除一个框架集,请关闭显示它的"文档"窗口。如果该框架集文件已保存,则删除该文件。

3.6.4 调整框架大小

若要设置框架的近似大小,可以在"文档"窗口的"设计"视图中拖动框架边框。若要指定准确大小,并指定当浏览器窗口大小不允许框架以完全大小显示时,浏览器分配给框架的行或列的大小可使用属性检查器。

3.6.5 框架属性设置

1. 框架属性

选中要查看属性的框架,选择"窗口"→"属性"菜单命令,启用"属性"面板,如图 3-88 所示。

图 3-88　框架属性

框架名称:可以为框架命名。

源文件:提示框架当前显示的网页文件的名称及路径,可以通过右侧"浏览"按钮进行网页文件的选择。

边框:设置框架内是否显示边框。

滚动:设置框架内是否显示滚动条,一般设为"默认"。

不能调整大小:设置用户是否可以在浏览器窗口中通过拖动鼠标手动修改框架大小。

边框颜色:设置框架边框的颜色。

边框宽度:以像素为单位设置框架内容和框架边界间的距离。

2. 框架集属性

框架集属性面板如图 3-89 所示。

边框:确定在浏览器中查看文档时是否应在框架周围显示边框。若要显示边框,选择"是";若要使浏览器不显示边框,选择"否";若要让浏览器确定如何显示边框,选择"默

图 3-89　框架集属性

认值"。

边框宽度：指定框架集中所有边框的宽度。

边框颜色：设置边框的颜色。使用颜色选择器选择一种颜色，或者输入颜色的十六进制值。

行列选定范围：若要设置选定框架集的行和列的框架大小，单击"行列选定范围"区域左侧或顶部的选项卡，然后在"值"文本框中输入高度或宽度。

3.6.6　跟我做——框架结构网站

（1）在 D 盘上建立站点文件夹，将图像素材复制到站点文件夹中。打开 Dreamweaver，建立站点，资源路径指向 D 盘上建立的文件夹。

（2）在站点中新建空白网页 main.html，如图 3-90 所示。

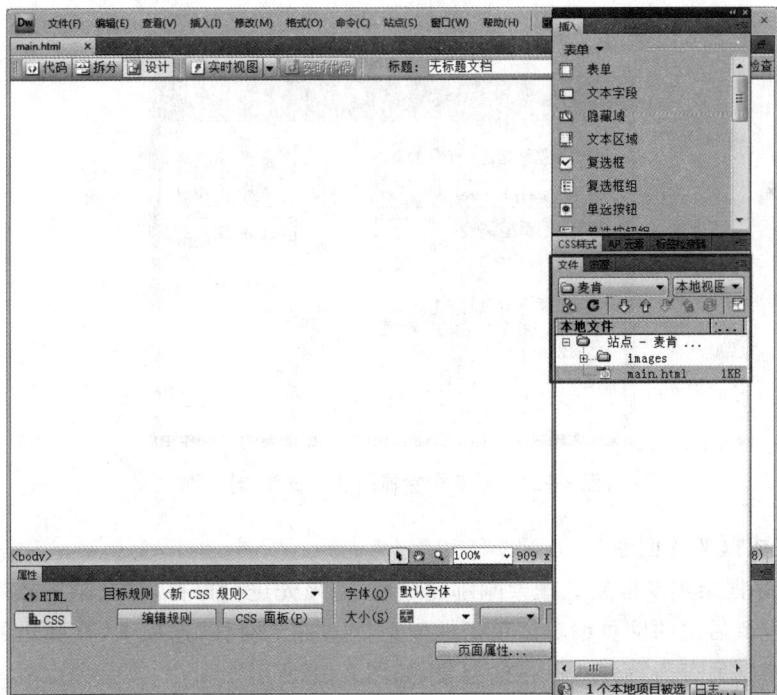

图 3-90　新建网页

（3）创建框架。如图 3-91 所示，选择"插入"→"布局"→"框架"→"顶部和嵌套在左侧框架"菜单命令，弹出图 3-92 所示对话框，可以在"标题"文本框中进行修改，单击"确

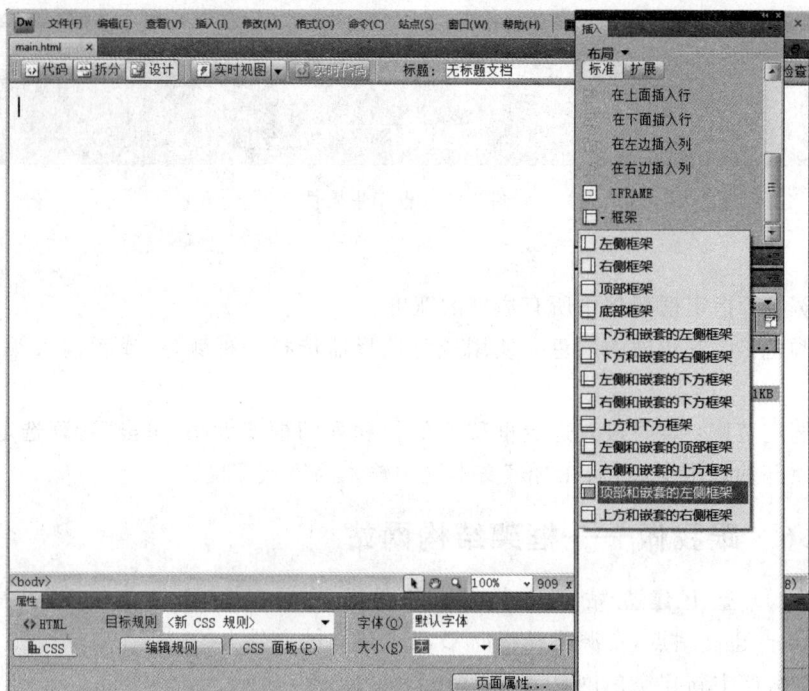

图 3-91   选择"插入"菜单的命令

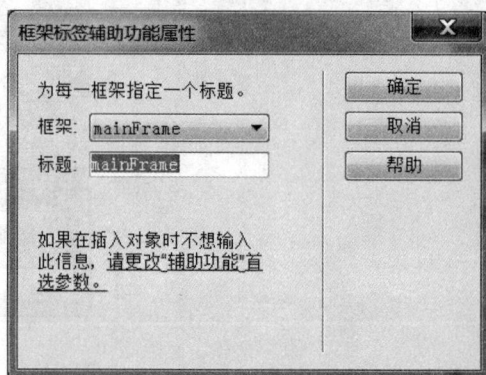

图 3-92   "框架标签辅助功能属性"对话框

定"按钮,完成框架的创建。

（4）保存框架集与框架。框架刚刚创建后,应该先进行保存,并在浏览器中预览没有问题后,再进行后边的网页编辑。单击框架边框,右击"网页"选项卡,在弹出的快捷菜单中选择"框架集另存为"命令,保存框架集,如图 3-93 所示。

鼠标定位在不同的框架中,分别保存框架页,右下主要内容区域就是最开始创建的网页。全部保存后,站点文件夹中包含 4 个网页文件,如图 3-94 所示。

（5）编辑网页。如图 3-95 所示,分别在不同的框架位置定位,进行页面的基本编辑。

单独制作网页 main2.html,如图 3-96 所示。

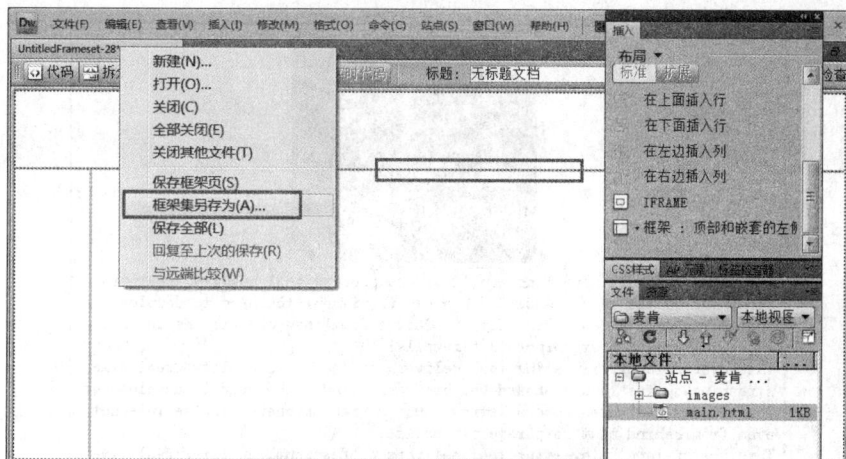

图 3-93 保存框架集

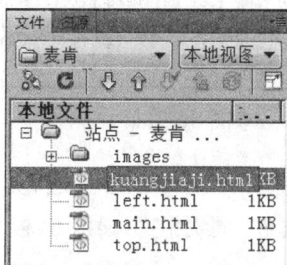

图 3-94 文件全部保存

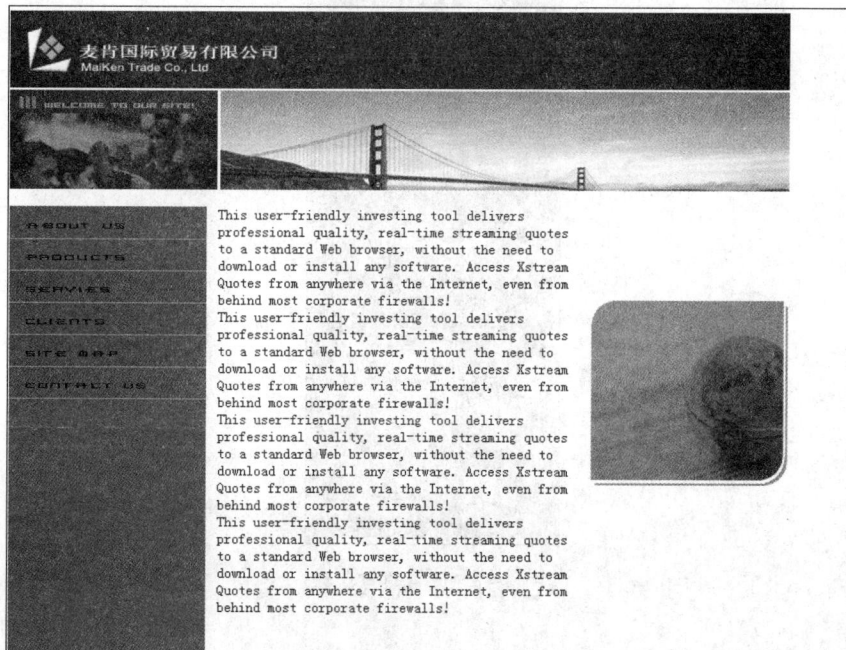

图 3-95 框架页

图 3-96 main2 网页

（6）热点链接。选中左侧图像，并设置热点区域，如图 3-97 所示。选择第一个热点区域，链接到 main2.html 网页文件，同时在"属性"面板中修改"目标"为 mainFrame，如图 3-98 所示。

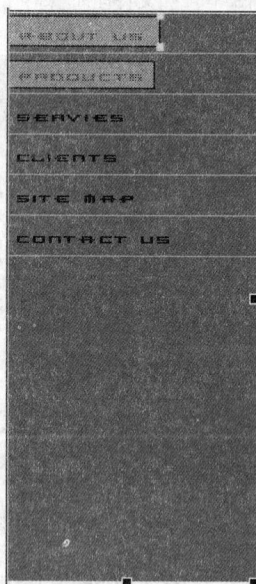

图 3-97 设置热点区域

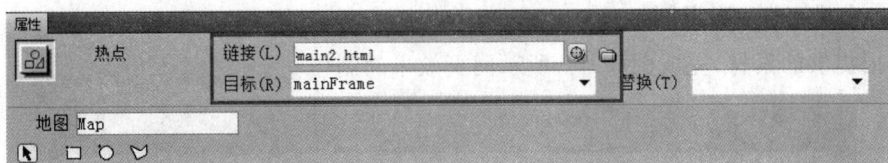

图 3-98 设置链接属性

使用同样的方法设置第二个热点区域,链接到 main.html 网页文件。

(7) 预览网站,检验链接效果。

本章小结

本章主要通过对 Dreamweaver CS5 软件应用的基本介绍,帮助掌握在网页设计与制作方面的主要方法与技能。分别从网页中文本应用、图像应用、多媒体元素应用、表格排版、模板应用、表单设置与框架布局等几个方面,进行了系统而详尽的讲解,希望学习者在掌握软件基本应用同时,学会使用软件进行网站制作的方法。

课后习题

一、上机实训:咖啡屋

利用提供的图像素材,完成图 3-99 所示“咖啡屋”网页的制作。

图 3-99 “咖啡屋”网页效果

二、上机实训：影视网

根据提供的素材，完成图 3-100 所示网页效果的制作。

图 3-100　新片预告网页效果

第 4 章

CSS

CSS 能够对网页中对象的位置排版进行像素级的精确控制,支持几乎所有的字体字号样式,拥有对网页对象和模型样式编辑的能力,并能够进行初步交互设计。本章重点介绍了 CSS 的基础及使用方法,对常用的 CSS 在网页中的应用方法及其设置字体、文本、图像的具体方法进行了详细的讲解,通过案例展示了 CSS 编写网页的方法。

本 章 重 点

- CSS 选择器
- CSS 控制文本、字体、图像

4.1　CSS 概述

CSS(Cascading Style Sheets,层叠样式表)是能够真正做到网页表现与内容分离的一种样式设计语言。相对于传统 HTML 的表现而言,CSS 能够对网页中对象的位置排版进行像素级的精确控制,支持几乎所有的字体字号样式,拥有对网页对象和模型样式编辑的能力,并能够进行初步交互设计,是目前基于文本展示最优秀的表现设计语言。

CSS 能够根据不同使用者的理解能力,简化或者优化写法,针对各类人群,有较强的易读性。

4.1.1　CSS 的特点

1. 样式表提供了一种格式化的标签

HTML 标签原本被设计为用于定义文档内容。通过使用<h1>、<p>、<table>这样的标签,HTML 的初衷是表达"这是标题""这是段落""这是表格"之类的信息。同时文档布局由浏览器来完成,而不使用任何的格式化标签。

由于主要的浏览器(Internet Explorer，IE)不断地将新的 HTML 标签和属性(如字体标签和颜色属性)添加到 HTML 规范中，创建文档内容清晰地独立于文档表现层的站点变得越来越困难。为了解决这个问题，万维网联盟(W3C)肩负起了 HTML 标准化的使命，并在 HTML 4.0 之外创造出样式(Style)，所有的主流浏览器均支持层叠样式表。

2. 多重样式可以层叠为一个

样式表允许以多种方式规定样式信息。样式可以规定在单个的 HTML 元素中、在 HTML 页的头元素中或在一个外部的 CSS 文件中。甚至可以在同一个 HTML 文档内部引用多个外部样式表。

3. 层叠次序

当同一个 HTML 元素被多个样式表定义时，将按照内联样式(在 HTML 元素内部)、内部样式表(位于<head>标签内部)、外部样式表、浏览器默认设置的顺序起作用，因此，内联样式(在 HTML 元素内部)拥有最高的优先权。

4.1.2　CSS 的优点

CSS 样式表极大地提高了工作效率，样式表定义如何显示 HTML 元素，就像 HTML 的字体标签和颜色属性所起的作用那样。样式通常保存在外部的 .css 文件中。仅通过编辑一个简单的 CSS 文档，外部样式表使用户同时改变站点中所有页面的布局和外观。

由于允许同时控制多重页面的样式和布局，CSS 可以称得上 Web 设计领域的一个突破。作为网站开发者，能够为每个 HTML 元素定义样式，并将之应用于所希望的任意多的页面中。如需进行全局的更新，只需简单地改变样式，然后网站中的所有元素均会自动更新。

4.2　CSS 基本语法

1. CSS 的基本语法

以下代码的作用是将 h1 标记内的文字颜色定义为蓝色，同时将字体大小设置为 20 像素。在这个例子中，h1 是选择器，color 和 font-size 是属性，blue 和 20px 是值。多个属性之间使用分号，声明要使用花括号。代码如下：

```
h1 {
    color:blue;
    font-size:20px;
    }
```

一条 CSS 样式规则由选择器、声明(一条或多条)两部分组成，如图 4-1 所示。
- 选择器是要改变样式的标记名或自定义的类名，也可以是自定义的 id 名。
- 每条声明由一个属性和一个值组成。
- 属性是希望设置的样式属性，每个属性有一个值，属性和值由冒号分开。

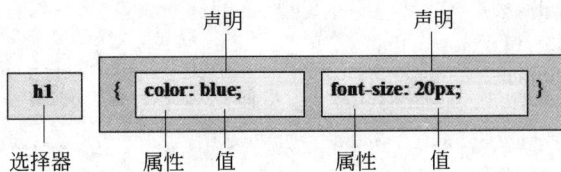

图 4-1   CSS 的基本语法

2. 值的不同写法和单位

除了英文单词 blue,还可以使用十六进制的颜色值♯0000ff:

```
p { color: #0000ff; }
```

为了节约字节,可以使用 CSS 的缩写形式:

```
p { color: #00f; }
```

还可以通过两种方法使用 RGB 值:

```
p { color: rgb(0,0,255); }
p { color: rgb(0%,0%,100%); }
```

小经验   当使用 RGB 百分比时,即使当值为 0 时也要写百分比符号。但是在其他的情况下就不需要这么做了。比如说,当尺寸为 0 像素时,0 之后不需要使用 px 单位,因为 0 就是 0,无论单位是什么。

3. 多重声明

如果要定义不止一个声明,则需要用分号将每个声明分开。下面的例子展示出如何定义一个红色文字的居中段落。

在每行只描述一个属性,这样可以增强样式定义的可读性。代码如下:

```
p {
    text-align: center;
    color: black;
    font-family: arial;
}
```

小经验   CSS 对大小写不敏感。不过存在一个例外:如果涉及与 HTML 文档一起工作的话,class 和 id 名称对大小写是敏感的。

4.3   CSS 选择器

4.3.1   标记选择器

标记是元素固有的属性,CSS 标记选择器用来声明哪种标记采用哪种 CSS 样式,因此,每一种 html 标记的名称都可以作为相应的标记选择器的名称。

```
p {
    color:blue;
    font-size:20px;
}
```

4.3.2　类选择器

1. 类选择器的语法结构

类选择器以半角"."开头,且类名称的第一个字母不能为数字,如图 4-2 所示。

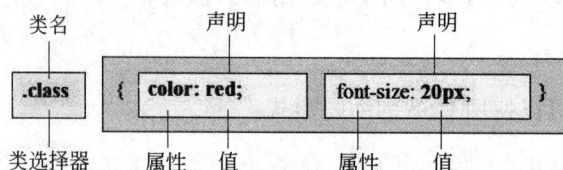

图 4-2　类选择器语法结构

标记选择器一旦声明,那么页面中所有该标记的元素都会产生相应的变化。例如,当声明<li>标记为蓝色时,页面中所有的<li>元素都将显示为蓝色。

但是如果希望其中某一些<li>元素不是蓝色,而是红色,就需要将这些<li>元素自定义为一类,用类选择器来选中它们。

2. 跟我做

(1) 使用记事本或者 Dreamweaver 编写 HTML 页面。

在下面的例子中,所有具有 txt 类的标记均为红色,字号为 20px;没有定义类的<li>标记内的文字则为<li>标记设置的蓝色:

```
<html>
  <head>
    <title>类选择器</title>
      <style type="text/css">
        li{
            color:blue;
        }
        .txt{
            color:red;
            font-size:20px;
        }
      </style>
  </head>
  <body>
      <ul>
        <li class="txt">类选择器</li>
        <li>标记选择器</li>
        <li class="txt">类选择器</li>
        <li>标记选择器</li>
```

```
      </ul>
   </body>
</html>
```

浏览器显示效果如图 4-3 所示。

（2）使用记事本或者 Dreamweaver 编写 HTML 页面。

可以将不同的标记定义为相同的类，将不同的标记定义为相同的 txt 类：

```
<html>
   <head>
      <title>类选择器</title>
      <style type="text/css">
         .txt{
            color:blue;
         }
      </style>
   </head>
   <body>
      <p class="txt">类选择器——不同的标记</p>
      <h3 class="txt">类选择器——不同的标记</h3>
      <ul>
         <li>标记选择器</li>
         <li class="txt">类选择器——不同的标记</li>
      </ul>
   </body>
</html>
```

浏览器显示效果如图 4-4 所示。

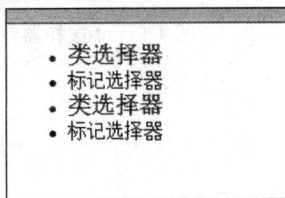

图 4-3　类选择器与标记选择器效果　　　　图 4-4　类选择器效果

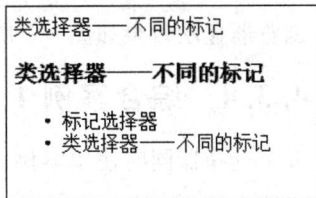

4.3.3　id 选择器

1. id 选择器的语法结构

id 选择器的使用方法与 class 选择器基本相同，不同之处在于一个 id 选择器只能应用于 html 文档中的一个元素，因此其针对性更强，而 class 选择器可以应用于多个元素。

id 选择器以半角"＃"开头，且 id 名称的第一个字母不能为数字，如图 4-5 所示。

2. 跟我做

使用记事本或者 Dreamweaver 编写 HTML 页面。

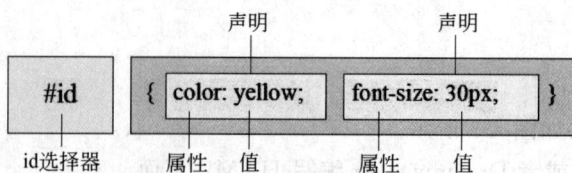

图 4-5　id 选择器语法结构

下面的两个 id 选择器,第一个是设置颜色为红色,第二个是设置颜色为绿色。

```
#red {color:red;}
#green {color:green;}
```

下面的 HTML 代码中,id 属性为 red 的 p 元素显示为红色,而 id 属性为 green 的 p 元素显示为绿色。

```
<html>
  <head>
    <title>类选择器</title>
    <style type="text/css">
      #red {color:red;}
      #green {color:green;}
    </style>
  </head>
  <body>
    <p id="red">这个段落是红色</p>
    <p id="green">这个段落是绿色</p>
  </body>
</html>
```

浏览器显示效果如图 4-6 所示。

图 4-6　id 选择器效果

4.3.4　综合案例 1

多个选择器同时使用案例。

```
<head>
    <title>CSS 层叠性</title>
    <style type="text/css">
        p{   /* 标记选择器 */
            color:blue;
            font-size:18px;
        }
        .special{   /* 类别选择器 */
            font-weight: bold;    /* 粗体 */
        }
        #underline{   /* id选择器 */
            text-decoration: underline;   /* 有下划线 */
        }
```

```
        </style>
    </head>
    <body>
        <p>标记选择器 1</p>
        <p>标记选择器 2</p>
        <p class="special">受到标记、类两种选择器作用</p>
        <p id="underline" class="special">受到标记、类和 id 三种选择器作用</p>
    </body>
```

浏览器显示效果如图 4-7 所示。

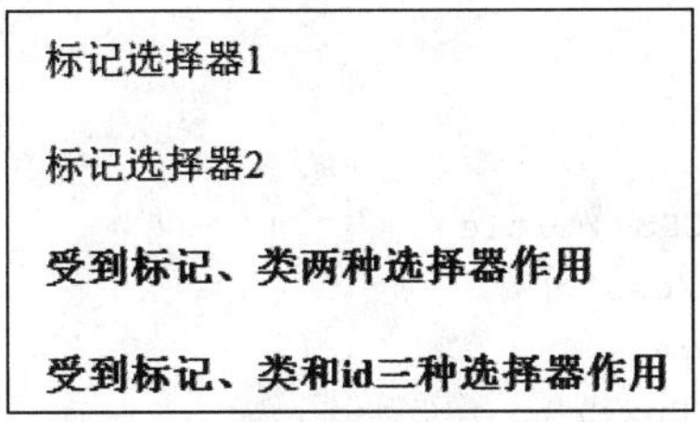

标记选择器1

标记选择器2

受到标记、类两种选择器作用

受到标记、类和id三种选择器作用

图 4-7　综合案例 1 显示效果

4.4　CSS 的使用方法

4.4.1　行内式

1. 行内式方法

当样式仅需要在一个元素上应用一次时，可以使用行内样式，但是行内样式会失去样式表"表现与内容分离"的优势，因此尽量避免使用这种方法。

使用行内样式的方法是：在要应用样式的标签内使用样式(style)属性。

2. 跟我做

使用记事本或者 Dreamweaver 编写 HTML 页面。使用行内样式改变段落的颜色和文字字号：

```
<html>
  <head>
    <title>行内式引入 CSS</title>
  </head>
  <body>
    <p style="color:blue; font-size:20px">
        行内式引入 CSS
    </p>
  </body>
</html>
```

浏览器显示效果如图 4-8 所示。

行内式引入CSS

图 4-8　行内式效果

4.4.2 嵌入式

1. 嵌入式方法

单个文档需要特殊的样式时,建议使用嵌入式样式,使用<style>标签在文档头部定义样式表。

2. 跟我做

使用记事本或者 Dreamweaver 编写 HTML 页面。使用嵌入式改变段落的颜色和文字字号:

```html
<html>
  <head>
    <title>嵌入式引入 CSS</title>
    <style type="text/css">
        hr {color:blue;}
        p {font-size:20px;}
    </style>
  </head>
  <body>
    <p>嵌入式引入 CSS</p>
  </body>
</html>
```

浏览器显示效果如图 4-9 所示。

嵌入式引入CSS

图 4-9　嵌入式效果

4.4.3 链接式

1. 链接式方法

对于一个包含很多页面的网站,为了方便页面风格统一,建议使用链接式引入 CSS,可以通过改变一个文件来改变整个站点的外观。浏览器从样式表文件 test.css 中读取样式声明,并格式化文档。外部样式表可以在任何文本编辑器中进行编辑,文件不能包含任何的 html 标签,样式表以.css 扩展名保存。每个页面使用<link>标签链接到样式表。<link>标签写在文档的头部。

2. 跟我做

使用记事本或者 Dreamweaver 编写 HTML 页面。使用链接式改变段落的颜色和文字字号:

```html
<html>
  <head>
    <title>链接式引入 CSS</title>
    <link rel="stylesheet" type="text/css" href="test.css" />
  </head>
  <body>
    <p>链接式引入 CSS</p>
```

```
    </body>
</html>
```

test.css 代码如下：

```
p{
    color:blue;
    font-size:20px;
}
```

注意 不要在属性值与单位之间留有空格，如不要写成 font-size:20 px，而要写成 font-size:20px。

4.5 CSS 应用

4.5.1 CSS 单位

CSS 中主要用到的单位如表 4-1 所示。

表 4-1 CSS 的主要单位

单位	描　　述
%	百分比
cm	厘米
em	1em 等于当前的字体尺寸，2em 等于当前字体尺寸的两倍。例如，如果某元素以 12pt 显示，那么 2em 是 24pt
pt	磅（1pt 等于 1/72 英寸）
px	像素（计算机屏幕上的一个点）
in	英寸
mm	毫米
ex	一个 ex 是一个字体的 x-height（x-height 通常是字体尺寸的一半）
pc	12 点活字（1pc 等于 12 点）

4.5.2 CSS 设置字体

CSS 字体属性定义文本的字体系列、大小、加粗、风格（如斜体）和变形（如小型大写字母），如表 4-2 所示。

表 4-2 CSS 字体属性

序号	属　　性	描　　述
1	font-family	设置文本字体
2	font-size	规定文本的字体尺寸
3	font-weight	规定字体的粗细

续表

序号	属　性	描　述
4	font-style	规定文本的字体样式
5	font	可以设置字体的所有属性
6	font-variant	以小型大写字体或正常字体显示文本

1. CSS font-family 属性

font-family 用于设置文本字体。

跟我做：使用记事本或者 Dreamweaver 编写 HTML 页面。

```
<p style="font-family:微软雅黑;">微软雅黑</p>
<p style="font-family:华文新魏;">华文新魏</p>
```

2. CSS font-size 属性

font-size 设置文本的大小，其属性如表 4-3 所示。

表 4-3　CSS font-size 属性

值	描　述
xx-small　x-small　small medium large	把字体的尺寸设置为不同的尺寸，从 xx-small 到 xx-large。**默认值为 medium**
smaller	把 font-size 设置为比父元素更小的尺寸
larger	把 font-size 设置为比父元素更大的尺寸
length	把 font-size 设置为一个固定的值
%	把 font-size 设置为基于父元素的一个百分比值
inherit	规定应该从父元素继承字体尺寸

跟我做：使用记事本或者 Dreamweaver 编写 HTML 页面，设置文字大小。

```
<p style="font-size:small;">WEB 开发技术</p>
<p style="font-size:large;">ASP.NET 技术</p>
<p style="font-size:20px;">C#程序设计</p>
<p style="font-size:30px;">java 程序设计</p>
<p>C+ + 程序设计</p>
<p style="font-size:1.5em;">VB 程序设计</p>
<p>操作系统</p>
<p style="font-size:150% ;">数据库原理</p>
```

3. CSS font-weight 属性

font-weight 可以设置文本粗细，其属性如表 4-4 所示。

表 4-4 CSS font-weight 属性

值	描　　述
normal	默认值。定义标准的字符
bold	定义粗体字符
bolder	定义更粗的字符
lighter	定义更细的字符
100 200 ⋮ 800 900	定义由粗到细的字符。400 等同于 normal，而 700 等同于 bold
inherit	规定应该从父元素继承字体的粗细

跟我做：使用记事本或者 Dreamweaver 编写 HTML 页面，设置文本的粗细。

```
<p style="font-weight:normal;">WEB 开发技术</p>
<p style="font-weight:bolder;">C#程序设计</p>
<p style="font-weight:900;">java 程序设计</p>
```

4.5.3　CSS 设置文本

CSS 文本属性可定义文本的外观，可以改变文本的颜色、字符间距、对齐文本、装饰文本、对文本进行缩进等，如表 4-5 所示。

表 4-5 CSS 文本属性及其描述

序号	属　　性	描　　述
1	color	设置文本的颜色
2	text-align	规定文本的水平对齐方式
3	text-decoration	规定添加到文本的装饰效果
4	text-indent	规定文本块首行的缩进
5	line-height	设置行高
6	text-transform	控制文本的大小写
7	letter-spacing	设置字符间距
8	word-spacing	设置单词间距

1. CSS color 属性

要设置文本的颜色，最方便的方法是使用 color 属性，所有浏览器都支持 color 属性，如表 4-6 所示。

表 4-6　CSS color 属性

值	描　　述
color_name	值为颜色名称的颜色(如 red)
hex_number	值为十六进制值的颜色(如 ♯ ff0000)
rgb_number	值为 rgb 代码的颜色(如 rgb(255,0,0))
inherit	从父元素继承颜色

跟我做：使用记事本或者 Dreamweaver 编写 HTML 页面，为不同元素设置文本颜色。

```
<html>
  <head>
    <title>设置文本颜色</title>
    <style type="text/css">
      h1{
        color:#00ff00;
      }
      p{
        color:rgb(0,0,255);
      }
    </style>
  </head>
  <body>
    <h1>我是标题 h1</h1>
    <p>我是段落 p</p>
  </body>
</html>
```

2. CSS text-align 属性

text-align 属性规定元素中的文本的水平对齐方式，如表 4-7 所示。

表 4-7　CSS text-align 属性

值	描　　述
left	把文本排列到左边。默认值：由浏览器决定
right	把文本排列到右边
center	把文本排列到中间
justify	实现两端对齐文本效果
inherit	规定应该从父元素继承 text-align 属性的值

跟我做：使用记事本或者 Dreamweaver 编写 HTML 页面，为不同元素对齐文本。

```
<html>
  <head>
```

```
<title>不同元素对齐</title>
<style type="text/css">
  h2 {text-align: center;}
  h3 {text-align: left;}
  h4 {text-align: right;}
</style>
</head>
<body>
<h2>对齐文本—居中</h2>
<h3>对齐文本—左对齐</h3>
<h4>对齐文本—右对齐</h4>
</body>
</html>
```

3. CSS text-decoration 属性

text-decoration 属性可以设置文本的上划线、下划线已经删除线等，如表 4-8 所示。

表 4-8　CSS text-decoration 属性

值	描　　　述
none	默认。定义标准的文本
underline	定义文本下的一条线
overline	定义文本上的一条线
line-through	定义穿过文本下的一条线
inherit	规定应该从父元素继承 text-decoration 属性的值

跟我做：使用记事本或者 Dreamweaver 编写 HTML 页面，设置 h1、h2、h3 元素的文本修饰。

```
<html>
  <head>
    <title>文本修饰</title>
    <style type="text/css">
      h1 {text-decoration:overline}
      h2 {text-decoration:line-through}
      h3 {text-decoration:underline}
    </style>
  </head>
  <body>
    <h1>WEB 开发技术</h1>
    <h2>ASP.NET 技术</h2>
    <h3>C#程序设计</h3>
  </body>
</html>
```

4．CSS text-indent 属性

text-indent 属性可以设置文本中首行文本的缩进，如表 4-9 所示。

表 4-9　CSS text-indent 属性

值	描　述
length	定义固定的缩进，具体单位参见"CSS 单位"页面，默认值为 0
百分比	定义基于父元素宽度的百分比的缩进
inherit	规定从父元素继承 text-indent 属性的值

跟我做：使用记事本或者 Dreamweaver 编写 HTML 页面，缩进文本首行。

```html
<html>
  <head>
    <title>设置文本颜色</title>
    <style type="text/css">
      p {text-indent: 10em;}
      p.one {text-indent:20px;}
      p.two {text-indent:50% ;}
    </style>
  </head>
  <body>
    <p>测试文本</p>
    <p class="one">测试文本</p>
    <p class="two">测试文本</p>
  </body>
</html>
```

4.5.4　CSS 设置图像和背景

可以设置纯色作为背景，也可以使用图像作为背景，如表 4-10 所示。

表 4-10　CSS 设置图像和背景

序号	属　性	描　述
1	background-color	设置元素的背景颜色
2	background-image	设置元素的背景图像
3	background-repeat	设置是否重复背景图像或如何重复背景图像
4	background-position	设置背景图像的开始位置
5	background-attachment	设置背景图像是否固定或者随着页面的其余部分滚动
6	background	设置背景的所有属性

1．CSS background-color 属性

background-color 用于设置对象的背景色，如表 4-11 所示。

表 4-11　CSS background-color 属性

值	描　述
color_name	颜色值为颜色名称的背景颜色(如 red 等)
hex_number	颜色值为十六进制值的背景颜色(如 ♯ff0000)
rgb_number	颜色值为 rgb 代码的背景颜色(如 rgb(255,0,0))
inherit	从父元素继承 background-color 属性的设置

跟我做：使用记事本或者 Dreamweaver 编写 HTML 页面,设置部分文字以及段落的背景色。

```
<body style="background-color:Gray;">
    <p>测试文本</p>
    <p style="background-color:Fuchsia;">测试文本</p>
</body>
```

2. CSS background-image 属性

background-image 设置背景图像。

元素的背景占据元素的全部尺寸,包括内边距和边框,但不包括外边距。

默认情况下,背景图像位于元素的左上角,并在水平和垂直方向上重复。

跟我做：使用记事本或者 Dreamweaver 编写 HTML 页面,设置背景图像,若背景图像较小,则背景图像在水平和垂直方向上重复。

```
<body>
    <div style="background-image:url(../Images/bgimageli.gif); height:
    150px; width:800px;">
    </div>
</body>
```

3. CSS background 属性

background 属性是简写属性,一次性设置针对背景的属性。

可以按顺序设置以下属性：background-color、background-image、background-repeat、background-attachment、background-position。

跟我做：使用记事本或者 Dreamweaver 编写 HTML 页面,在一个声明中设置所有背景属性。

```
<body>
    <div style="background:#039F00 url(../Images/index_logo.gif) no-repeat
    scroll center;width:600px;height:398px;">
        <p>测试文本</p>
    </div>
</body>
```

4.5.5　CSS 设置列表

使文本以列表形式显示,如表 4-12 所示。

表 4-12　CSS 设置列表

序号	属　　　性	描　　　述
1	list-style-type	设置列表项标记的类型
2	list-style-position	设置列表项标记的位置
3	list-style-image	将图像设置为列表项标记
4	list-style	设置列表的所有属性

1. CSS list-style-type 属性

用于设置列表项标记的类型，如表 4-13 所示。

表 4-13　CSS list-style-type 属性

值	描　　　述
none	无标记
disc	默认。标记是实心圆
circle	标记是空心圆
square	标记是实心方块
decimal	标记是数字
decimal-leading-zero	0 开头的数字标记，如 01、02、03 等
lower-roman	小写罗马数字，如 i、ii、iii、iv、v 等
upper-roman	大写罗马数字，如 I、II、III、IV、V 等
lower-alpha	小写英文字母 The marker is lower-alpha，如 a、b、c、d、e 等
upper-alpha	大写英文字母 The marker is upper-alpha，如 A、B、C、D、E 等
lower-greek	小写希腊字母，如 alpha、beta、gamma 等
lower-latin	小写拉丁字母，如 a、b、c、d、e 等
upper-latin	大写拉丁字母，如 A、B、C、D、E 等

2. 跟我做

使用记事本或者 Dreamweaver 编写 HTML 页面，设置不同类型的列表标记。

```html
<body>
    <ul style="list-style-type:circle;">
        <li>高等数学</li>
        <li>大学英语</li>
        <li>编程设计</li>
        <li>程序设计</li>
    </ul>
    <ul style="list-style-type:square;">
        <li>高等数学</li>
        <li>大学英语</li>
        <li>编程设计</li>
        <li>程序设计</li>
    </ul>
```

```
<ul style="list-style-type:none;">
    <li>高等数学</li>
    <li>大学英语</li>
    <li>编程设计</li>
    <li>程序设计</li>
</ul>
<ul style="list-style-type:decimal;">
    <li>高等数学</li>
    <li>大学英语</li>
    <li>编程设计</li>
    <li>程序设计</li>
</ul>
<ul style="list-style-type:lower-alpha;">
    <li>高等数学</li>
    <li>大学英语</li>
    <li>编程设计</li>
    <li>程序设计</li>
</ul>
<ul style="list-style-type:upper-roman;">
    <li>高等数学</li>
    <li>大学英语</li>
    <li>编程设计</li>
    <li>程序设计</li>
</ul>
</body>
```

浏览器显示效果如图 4-10 所示。

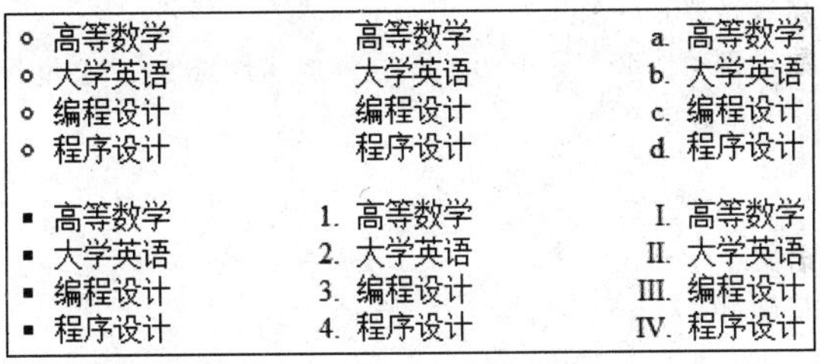

图 4-10　CSS 列表显示效果

4.5.6　综合案例 2

使用 width 和 height 属性设置表格的宽度和高度。

```
<head>
    <title>使用 width 和 height 属性设置表格的宽度和高度</title>
    <style type="text/css">
        table,th,td
        {
            border:1px solid blue;
            height:10px;
```

```
        }
        table
        {
            border-collapse:collapse;
            width:75% ;
        }
        caption
        {
            font-weight:bold;
            font-size:24px;
        }
    </style>
</head>
<body>
    <table>
        <caption>课程一览表</caption>
        <tr>
            <th>序号</th>
            <th>课程</th>
            <th>所属单位</th>
        </tr>
        <tr>
            <td>1</td>
            <td>大学英语</td>
            <td>基础部</td>
        </tr>
        <tr>
            <td>2</td>
            <td>高等数学</td>
            <td>数学部</td>
        </tr>
        <tr>
            <td>3</td>
            <td>语文</td>
            <td>基础部</td>
        </tr>
        <tr>
            <td>4</td>
            <td>计算机应用</td>
            <td style="border:1px solid blue;font-weight:normal;">计算机学院
            </td>
        </tr>
        <tr>
            <td>5</td>
            <td>沟通技巧</td>
            <td>经济管理学院</td>
        </tr>
        <tr>
            <td>6</td>
```

```
        <td>网络技术</td>
        <td>计算机学院</td>
    </tr>
  </table>
</body>
```

浏览器显示效果如图 4-11 所示。

课程一览表

序号	课程	所属单位
1	大学英语	基础部
2	高等数学	数学部
3	语文	基础部
4	计算机应用	计算机学院
5	沟通技巧	经济管理学院
6	网络技术	计算机学院

图 4-11 综合案例 2 显示效果

4.5.7 综合案例 3

制作隔行变色的表格。

为 td 和 th 元素设置 padding 属性,控制表格中内容与边框的距离。

```
<head>
    <title>制作隔行变色的表格</title>
    <style type="text/css">
        #hyit
        {
            width:75% ;
            border-collapse:collapse;
        }
        #hyit td, #hyit th
        {
            font-size:1em;
            border:1px solid #98bf21;
            padding:3px 7px 2px 7px;
        }
        #hyit th
        {
            font-size:1.1em;
            background-color:#A7C942;
            color:#ffffff;
        }
        #hyit tr.alt td
        {
            color:#000000;
            background-color:#EAF2D3;
        }
```

```
        </style>
    </head>
<body>
    <table id="hyit">
        <tr>
            <th>序号</th>
            <th>课程</th>
            <th>所属单位</th>
        </tr>
        <tr>
            <td>1</td>
            <td>大学英语</td>
            <td>基础部</td>
        </tr>
        <tr class="alt">
            <td>2</td>
            <td>高等数学</td>
            <td>数学部</td>
        </tr>
        <tr>
            <td>3</td>
            <td>语文</td>
            <td>基础部</td>
        </tr>
        <tr class="alt">
            <td>4</td>
            <td>计算机应用</td>
            <td style="border:1px solid blue;font-weight:normal;">计算机学院
            </td>
        </tr>
        <tr>
            <td>5</td>
            <td>沟通技巧</td>
            <td>经济管理学院</td>
        </tr>
        <tr class="alt">
            <td>6</td>
            <td>网络技术</td>
            <td>计算机学院</td>
        </tr>
    </table>
</body>
```

浏览器显示效果如图 4-12 所示。

序号	课程	所属单位
1	大学英语	基础部
2	高等数学	数学部
3	语文	基础部
4	计算机应用	计算机学院
5	沟通技巧	经济管理学院
6	网络技术	计算机学院

图 4-12　综合案例 3 显示效果

本章小结

本章重点介了 CSS 的各种标记的含义和使用方法，通过本章的学习，同学们应该能够利用 CSS 编写简单的网页，并通过浏览器进行浏览。其中重点介绍了 CSS 选择器、使用方法和对文本、背景的统一更改，为后续的课程打下坚实的基础。

课后习题

一、选择题

1. CSS 是（　　）的缩写。
    A. Colorful Style Sheets
    B. Computer Style Sheets
    C. Cascading Style Sheets
    D. Creative Style Sheets

2. 引用外部样式表的格式是（　　）。
    A. ＜style src＝"mystyle. css"＞
    B. ＜link rel＝"stylesheet" type＝"text/css" href＝"mystyle. css"＞
    C. ＜stylesheet＞mystyle. css＜/stylesheet＞

3. 引用外部样式表的元素应该放在（　　）。
    A. HTML 文档的开始的位置
    B. HTML 文档的结束的位置
    C. 在 head 元素中
    D. 在 body 元素中

4. 内部样式表的元素是（　　）。
    A. ＜style＞
    B. ＜css＞
    C. ＜script＞

5. 元素中定义样式表的属性名是（　　）。
    A. Style
    B. Class
    C. Styles
    D. font

6. （　　）是定义样式表的正确格式。
    A. {body:color＝blackbody}
    B. body:color＝black
    C. body {color: black}
    D. {body;color:black}

7. （　　）是定义样式表中的注释语句。
    A. /* 注释语句 */
    B. // 注释语句
    C. // 注释语句 //
    D. ' 注释语句

8. 如果要在不同的网页中应用相同的样式表定义,应该(　　)。

    A. 直接在 HTML 的元素中定义样式表

    B. 在 HTML 的<head>标记中定义样式表

    C. 通过一个外部样式表文件定义样式表

    D. 以上都可以

9. 样式表定义 ♯title {color:red} 表示(　　)。

    A. 网页中的标题是红色的

    B. 网页中某一个 id 为 title 的元素中的内容是红色的

    C. 网页中元素名为 title 的内容是红色的

    D. 以上任意一个都可以

10. 样式表定义 .outer{background-color:yellow}表示(　　)。

    A. 网页中某一个 id 为 outer 的元素的背景色是红色的

    B. 网页中含有 class="outer"元素的背景色是红色的

    C. 网页中元素名为 outer 元素的背景色是红色的

    D. 以上任意一个都可以

11. (　　)表示 p 元素中的字体是粗体。

    A. p {text-size:bold}

    B. p {font-weight:bold}

    C. <p style="text-size:bold">

    D. <p style="font-size:bold">

12. (　　)表示 a 元素中的内容没有下划线。

    A. a {text-decoration:no underline}

    B. a {underline:none}

    C. a {text-decoration:none}

    D. a {decoration:no underline}

13. (　　)表示上边框线宽 10px,下边框线宽 5px,左边框线宽 20px,右边框线宽 1px。

    A. border-width:10px 1px 5px 20px

    B. border-width:10px 5px 20px 1px

    C. border-width:5px 20px 10px 1px

    D. border-width:10px 20px 5px 1px

二、填空题

1. CSS 的英文全称是＿＿＿＿,是能够真正做到＿＿＿＿与＿＿＿＿的一种样式设计语言。

2. 一条 CSS 样式规则由＿＿＿＿、＿＿＿＿两部分组成。

3. p { color:♯0000ff; }为了节约字节,可以使用 CSS 的缩写形式＿＿＿＿。

4. 类选择器以半角＿＿＿＿开头,且类名称的第一个字母不能为＿＿＿＿。

5. 样式表以＿＿＿＿扩展名保存,每个页面使用＿＿＿＿标签链接到样式表,此标签写在文档的_____部分。

    6. _____属性规定元素中的文本的水平对齐方式。

    7. _____设置对象的背景色。

三、问答题

1. 简述 CSS 具有的优点。

2. 在网页中有哪 3 种方式引用 CSS? 其各自方法是什么?

第 5 章

DIV+CSS 与盒子模型

DIV 用于搭建网站结构(框架),CSS 用于创建网站表现(样式/美化),其实质是使用 XHTML 对网站进行标准化重构,使用 CSS 将表现与内容分离,便于网站维护,简化 HTML 页面代码,可以获得一个较优秀的网站结构,便于日后维护、协同工作和搜索引擎蜘蛛抓取。

本章重点介绍盒子模型,通过案例展示了盒子的具体使用方法。

本 章 重 点

- CSS 选择器
- CSS 控制文本、字体、图像

5.1 理解 DIV+CSS

5.1.1 认识 DIV

1. DIV 概念

DIV 是层叠样式表中的定位技术,全称 DIVision,即划分。<div>标签可以把文档分割为独立的、不同的部分。它可以用作严格的组织工具,并且不使用任何格式与其关联。

2. 跟我做

使用记事本或者 Dreamweaver 编写 HTML 页面,编写简单 div 标签。

```
<div>
    <h3>This is DIV</h3>
    <p>This is a div</p>
</div>
```

浏览器显示效果如图 5-1 所示。

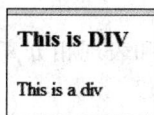

图 5-1　DIV 标签

5.1.2　DIV＋CSS 的实质

DIV＋CSS 是网站标准（或称"Web 标准"）中常用的术语之一，通常为了说明与 HTML 网页设计语言中的表格（table）定位方式的区别，因为 XHTML 网站设计标准中，不再使用表格定位技术，而是采用 DIV＋CSS 的方式实现各种定位。

用 div 盒模型结构给各部分内容划分到不同的区块，然后用 css 来定义盒模型的位置、大小、边框、内外边距、排列方式等。

CSS（Cascading Style Sheets，层叠样式表单）是一种用来表现 HTML 或 XML 等文件式样的计算机语言。

DIV 元素是用来为 HTML 文档内大块（block-level）的内容提供结构和背景的元素。DIV 的起始标签和结束标签之间的所有内容都是用来构成这个块的，其中所包含元素的特性由 DIV 标签的属性来控制，或者是通过使用样式表格式化这个块来进行控制。

简单地说，DIV 用于搭建网站结构（框架），CSS 用于创建网站表现（样式/美化），其实质即使用 XHTML 对网站进行标准化重构，使用 CSS 将表现与内容分离，便于网站维护，简化 HTML 页面代码，可以获得一个较优秀的网站结构便于日后维护、协同工作和搜索引擎蜘蛛抓取。

5.1.3　DIV＋CSS 的布局页面

1. DIV＋CSS 布局页面的特色

传统的表格排版是通过大小不一的表格和表格嵌套来定位排版网页内容，改用 CSS 排版后，就是通过由 CSS 定义的大小不一的盒子和盒子嵌套来编排网页。因为用这种方式排版的网页代码简洁、更新方便，能兼容更多的浏览器，如 PDA 设备也能正常浏览。

DIV＋CSS 布局页面能够使得结构和表现相分离，这也是用 CSS 布局的特色所在，结构与表现分离后，代码才简洁，更新才方便。例如，P 是结构化标签，有 P 标签的地方表示这是一个段落区块，margin 是表现属性，若要让一个段落右缩进两个字高，有些人会想到加空格，然后不断地加空格，但现在可以给 P 标签指定一个 CSS 样式：

```
P {text-indent: 2em;}
```

这样结果 body 内容部分没有外加任何表现控制的标签，如果还要对 body 内容部分加上字体、字号、背景、行距等修饰，直接把对应的 CSS 加进 P 样式里就行了，不用像这样来写：

```
<p><font color="# FF0000" face="宋体">段落内容</font></p>
```

这个是结构和表现混合在一起写的，如果很多段落有统一结构和表现，这样累加写下去代码会很繁冗。

再直接列一段代码加深理解结构和表现相分离。

用 CSS 排版：

```
<style type="text/css">
<!--
#photoListimg{
    height:80;
    width:100;
    margin:5px auto;
}
-->
</style><div id="photoList">
<imgsrc="01.jpg" />
<imgsrc="02.jpg" />
</div>
```

不用 CSS 排版：

```
<imgsrc="01.jpg" width="100" height="80" align="middle" />
<imgsrc="02.jpg" width="100" height="80" align="middle" />
```

第一种方法是结构与表现相分离，内容部分代码简单吧，如果还有更多的图片列表的话，那么第一种 CSS 布局方法就更有优势。

2. 跟我做

使用记事本或者 Dreamweaver 编写 HTML 页面，编写 DIV＋CSS 标签。

```
<!DOCTYPE html>
<head>
<title>div演示</title>
<style type="text/css">
    .yangshi{ color:#F00;}       /* 设置颜色为红色 */
    .yangshi2{ color:#0F0;}      /* 设置颜色为绿色 */
</style>
</head>
<body>
    <div class="yangshi">设置我颜色为红色</div>
    <div class="yangshi2">设置我颜色为绿色</div>
</body>
</html>
```

浏览器显示效果如图 5-2 所示。

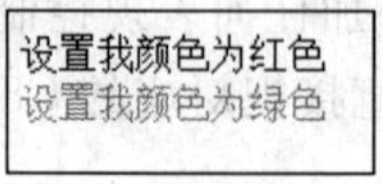

设置我颜色为红色
设置我颜色为绿色

图 5-2   DIV＋CSS 标签

5.1.4 综合案例1

此案例主要用于网站布局,大多数网站会把内容安排到多个列中(就像杂志或报纸那样),可以使用<div>或者<table>元素来创建多列。

CSS用于对元素进行定位,或者为页面创建背景以及色彩丰富的外观。div元素是用于分组HTML元素的块级元素。下面的例子使用5个div元素来创建多列布局。

```html
<!DOCTYPE html>
<html>
<head>
<style type="text/css">
    div#container{width:500px}
    div#header {background-color:#99bbbb;}
    div#menu {background-color:#ffff99; height:200px; width:100px; float:
    left;}
    div#content {background-color:#EEEEEE; height:200px; width:400px; float:
    left;}
    div#footer {background-color:#99bbbb; clear:both; text-align:center;}
    h1 {margin-bottom:0;}
    h2 {margin-bottom:0; font-size:14px;}
    ul {margin:0;}
    li {list-style:none;}
</style>
</head>
<body>
    <div id="container">
        <div id="header">
            <h1>标题头部</h1>
        </div>
        <div id="menu">
            <h2>菜单</h2>
            <ul>
                <li>首页</li>
                <li>栏目</li>
                <li>内容</li>
            </ul>
        </div>
        <div id="content">内容页面</div>
        <div id="footer">版权页脚</div>
    </div>
</body>
</html>
```

浏览器显示效果如图 5-3 所示。

图 5-3　综合案例 1 效果

5.1.5　综合案例 2

设置标题、段落、文本各自的颜色。

```
<html>
<head>
<style type="text/css">
    body {color:red}
    h1 {color:#00ff00}
    p.ex {color:rgb(0,0,255)}
</style>
</head>

<body>
    <h1>这是 heading 1</h1>
    <p>这是一段普通的段落。请注意,该段落的文本是红色的。在 body 选择器中定义了本页
    面中的默认文本颜色。</p>
    <p class="ex">该段落定义了 class="ex"。该段落中的文本是蓝色的。</p>
</body>
</html>
```

浏览器显示效果如图 5-4 所示。

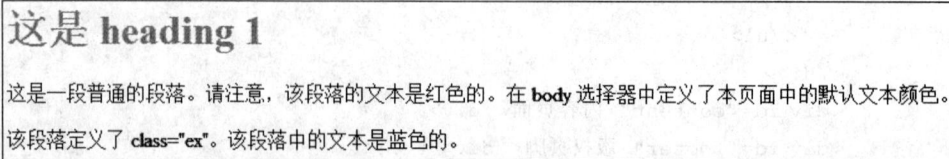

图 5-4　综合案例 2 效果

5.2 盒子模型

5.2.1 盒子模型的结构

CSS框模型(Box Model)规定了元素框处理元素内容、内边距、边框和外边距的方式,如图5-5所示。

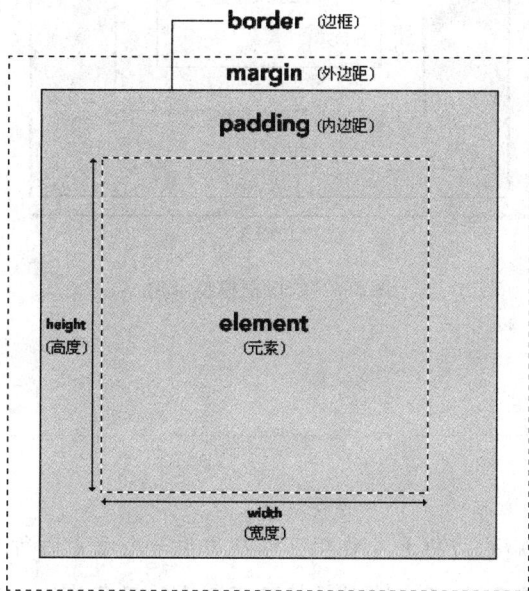

图5-5 CSS框模型

元素框的最内部分是实际内容,直接包围内容的是内边距。内边距呈现了元素的背景。内边距的边缘是边框。边框以外是外边距,外边距默认是透明的,因此不会遮挡其后的任何元素。

📖**小经验** 背景应用于由内容和内边距、边框组成的区域。

内边距、边框和外边距都是可选的,默认值是零。但是,许多元素将由用户代理样式表设置外边距和内边距。可以通过将元素的 margin 和 padding 设置为零来覆盖这些浏览器样式。这可以分别进行,也可以使用通用选择器对所有元素进行设置:

```
{
    margin: 0;
    padding: 0;
}
```

在 CSS 中,width 和 height 指的是内容区域的宽度和高度。增加内边距、边框和外边距不会影响内容区域的尺寸,但是会增加元素框的总尺寸。

假设框的每个边上有 10 像素的外边距和 5 像素的内边距。如果希望这个元素框达到 100 像素,就需要将内容的宽度设置为 70 像素,如图5-6所示。

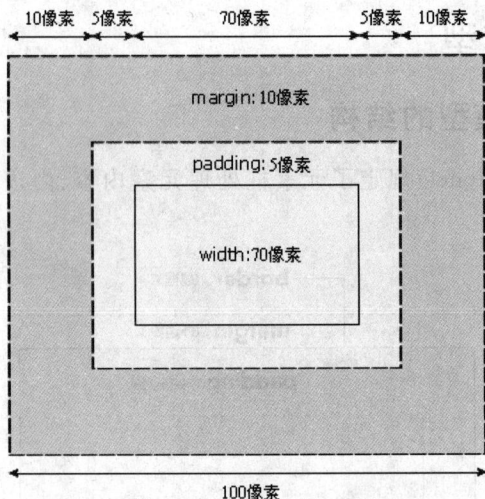

图 5-6　CSS 框模型示例

```
#box {
    width: 70px;
    margin: 10px;
    padding: 5px;
}
```

小经验　内边距、边框和外边距可以应用于一个元素的所有边,也可以应用于单独的边。外边距可以是负值,而且在很多情况下都要使用负值的外边距。

5.2.2　border

1. border 的基本概念

元素的边框(border)是围绕元素内容和内边距的一条或多条线。CSS border 属性设置元素边框的样式、宽度和颜色,如表 5-1 所示。

表 5-1　CSS border 属性及其描述

序号	属　　性	描　　　　述
1	border	简写属性,在一个声明中设置所有的边框属性
2	border-width	简写属性,用于为元素的所有边框设置宽度,或者单独地为各边边框设置宽度
3	border-style	简写属性,用于设置元素所有边框的样式,或者单独地为各边设置边框样式
4	border-color	简写属性,设置元素的所有边框中可见部分的颜色,或为 4 个边分别设置颜色

序号	属　　性	描　　　　　　述
	border-top	简写属性,在一个声明中设置所有的上边框属性
5	border-top-width	设置上边框的宽度
	border-top-style	设置上边框的样式
	border-top-color	设置上边框的颜色

跟我做:使用记事本或者 Dreamweaver 编写 HTML 页面,在一个声明中设置所有的边框属性,在一个声明中依次设置边框的宽度、样式和颜色属性。

```
<head>
    <title>CSS border 属性</title>
    <style type="text/css">
        p {
            border: 5px dashed rgb(250,0,255);
            width:50% ;
        }
    </style>
</head>
<body>
    <p>测试文字</p>
</body>
```

浏览器显示效果如图 5-7 所示。

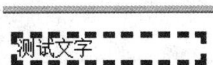

图 5-7　border 属性

2. 设置 4 条边框的宽度

border-width 简写属性为元素的所有边框设置宽度(见表 5-2),或者单独地为各边边框设置宽度。

表 5-2　边框宽度设置值

值	描　　述	值	描　　述
thin	定义细的边框	length	允许自定义边框的宽度
medium	默认。定义中等的边框	inherit	规定应该从父元素继承边框宽度
thick	定义粗的边框		

border-width 属性值的简写形式:方法是按照规定的顺序,给出 1 个、2 个、3 个或者 4 个属性值,它们的含义将有所区别,具体含义如下。

(1) 如果给出一个属性值,表示 4 条边框的属性:

```
border-width:thin;
```

则所有 4 个边框都是细边框。

(2) 如果给出两个属性值,前者表示上下边框的属性,后者表示左右边框的属性:

```
border-width:thin medium;
```

上边框是 10px;右边框和左边框是中等边框。

（3）如果给出 3 个属性值,前者表示上边框的属性,中间的数值表示左右边框的属性,后者表示下边框的属性:

```
border-width:thin medium thick;
```

上边框是 10px;右边框和左边框是中等边框;下边框是粗边框。

（4）如果给出 4 个属性值,依次表示上、右、下、左边框的属性,即顺时针排序。实例:

```
border-width:thin medium thick 10px;
```

上边框是细边框;右边框是中等边框;下边框是粗边框;左边框是 10px 宽的边框。

跟我做：使用记事本或者 Dreamweaver 编写 HTML 页面。

```
<head>
    <title>CSS border-width 属性</title>
    <style type="text/css">
        p {
            border-width:thin medium thick 10px;
            border-style:dashed;
            width:50% ;
          }
        div {
            border-width:10px 3px;
            border-style:solid;
            width:50% ;
          }
    </style>
</head>
<body>
    <p>测试文字</div>
</body>
```

浏览器显示效果如图 5-8 所示。

图 5-8　border 边框

5.2.3　margin

1. margin(外边距)的基本概念

围绕在元素边框的空白区域是外边距。设置外边距会在元素外创建额外的"空白"。
设置外边距的最简单方法就是使用 margin 属性(见表 5-3),这个属性接受任何长度单位、百分数值甚至负值。

表 5-3　margin 属性及其描述

属　　性	描　　述
margin	在一个声明中设置所有外边距属性
margin-top	设置元素的上外边距
margin-right	设置元素的右外边距
margin-bottom	设置元素的下外边距
margin-left	设置元素的左外边距

2. 跟我做

使用记事本或者 Dreamweaver 编写 HTML 页面。

可以在一个声明中按照上、右、下、左的顺序分别设置各边的外边距属性。也可以通过下面 4 个单独的属性 margin-top、margin-right、margin-bottom 及 margin-left 分别设置上、右、下、左外边距。

```
<head>
    <title>CSS margin 属性</title>
    <style type="text/css">
        div.margin{
            width:50% ;
            margin:40px 70px 10px 10px;
            border:1px solid red;
        }
    </style>
</head>
<body>
    <div>这个段落没有指定外边距。</div>
    <div class="margin">这个段落带有指定的外边距。这个段落带有指定的外边距。这个
    段落带有指定的外边距。这个段落带有指定的外边距。这个段落带有指定的外边距。
    </div>
    <div>这个段落没有指定外边距。</div>
</body>
```

浏览器显示效果如图 5-9 所示。

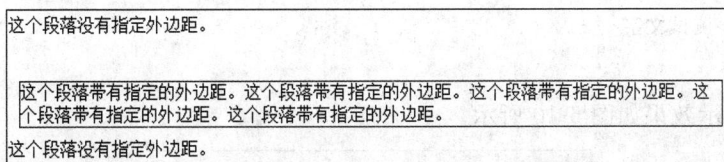

图 5-9　margin 效果显示

5.2.4 padding

1. padding(内边距)的基本概念

盒子的内边距就是盒子边框到内容之间的距离,和表格的填充属性(cellpadding)较相似。如果填充属性为 0,则盒子的边框会紧挨着内容,这样通常不美观。

当对盒子设置了背景颜色或背景图像后,那么背景会覆盖 padding 和内容组成的范围,并且默认情况下背景图像是以 padding 的左上角为基准点在盒子中平铺的。padding 属性及其描述见表 5-4。

表 5-4　padding 属性及其描述

属　　性	描　　述
padding	在一个声明中设置所有内边距属性
padding-top	设置元素的上内边距
padding-right	设置元素的右内边距
padding-bottom	设置元素的下内边距
padding-left	设置元素的左内边距

2. 跟我做

使用记事本或者 Dreamweaver 编写 HTML 页面。

可以在一个声明中按照上、右、下、左的顺序分别设置各边的内边距属性。

也可以通过下面 4 个单独的属性 padding-top、padding-right、padding-bottom 及 padding-left 分别设置上、右、下、左内边距。

```
<head>
    <title>CSS padding 属性</title>
    <style type="text/css">
        div{
            width:50% ;
            padding:10px 80px 5px 20px;
            border:1px solid red;
            }
    </style>
</head>
<body>
    <div>测试文字</div>
</body>
```

浏览器显示效果如图 5-10 所示。

图 5-10　padding 效果显示

5.2.5 行内元素的盒子模型

1. CSS 行内元素

（1）行内元素在同一行内横向排列。行内元素（inline）是指元素与元素之间从左到右并排排列，只有当浏览器窗口容纳不下才会转到下一行。行内元素举例：a、img、font、b、i、u、span、input。

（2）块级元素占满整个一行，在页面中竖向排列。块级元素（block）是指每个元素占据浏览器一整行位置，块级元素与块级元素之间自动换行，从上到下排列。例如：p、div、hn、pre、hr、ul、ol、li、form。

（3）对于嵌套的元素盒子也是嵌套关系。

2. 跟我做

使用记事本或者 Dreamweaver 编写 HTML 页面。

```
<body>
    <div style="border:1px solid #CCC; width:50% ;">
        <div style="border:1px solid red;margin:15px;">网页的 banner（块级元素）
        </div>
        <a href="#" style="border:1px solid gray;margin:5px;padding:3px;">行
        内元素 1</a>
        <a href="#" style="border:1px solid gray;margin:5px;padding:3px;">行
        内元素 2</a>
        <a href="#" style="border:1px solid gray;margin:5px;padding:3px;">行
        内元素 3</a>
        <div style="border:1px solid green;margin:15px;">这是块级元素<p>这是
        盒子中的盒子</p></div>
    </div>
</body>
```

浏览器显示效果如图 5-11 所示。

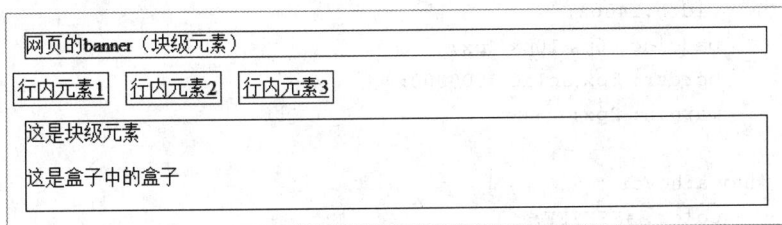

图 5-11 CSS 行内元素

5.2.6 display 属性

1. display 属性介绍

在本节"跟我做"的实例中第一个 div 内标记 a，默认情况下行内元素 a 在浏览器窗口中显示为一行,可以作为横向导航菜单。

第二个 div 设置 id 为 nav,在 head 中将元素 a 的 display 属性设置为 block。

通过 display 属性可控制元素是以行内元素显示还是以块级元素显示,或不显示。display 的属性有 block、inline、none、list-item。

(1)若 display 的属性设为 block,则元素总是在新行上开始;高度、行高以及顶和底边距都可控制;宽度默认是它的容器的 100%,除非用 width 设定一个宽度。

(2)若 display 的属性设为 inline,则元素和其他元素都在一行上,高、行高及顶和底边距不可改变;宽度就是它的文字或图片的宽度,不可改变。

(3)若 display 的属性设为 none,该元素被设置为隐藏,浏览器会完全忽略掉这个元素,该元素将不会被显示,也不会占据文档中的位置。如制作下拉菜单、tab 面板等有时就需要用 display:none 把菜单或面板隐藏起来。

(4)在 HTML 中只有 li 元素默认是 list-item,将元素设置为列表项元素后将按列表元素显示,再通过设置列表选项可使元素的左边出现小黑点。

2. 跟我做

使用记事本或者 Dreamweaver 编写 HTML 页面,制作导航栏。

```html
<head>
    <title>菜单导航</title>
    <style type="text/css">
        a:hover{
            text-decoration:none;
        }
        #nav a {
            font-size: 14px;
            color: #333333;
            text-decoration: none;
            background-color: #CCCCCC;
            display: block;
            width:140px;
            padding: 6px 10px 4px;
            border: 1px solid #000000;
            margin: 2px;
        }
        #nav a:hover {
            color: #FFFFFF;
            background-color: #666666;
        }
    </style>
</head>
<body>
    <div>
        <a href="#">首 页</a>
        <a href="#">中心简介</a>
```

```
        <a href="#">政策法规</a>
        <a href="#">常用下载</a>
    </div>
    <div id="nav">
        <a href="#">首 页</a>
        <a href="#">中心简介</a>
        <a href="#">政策法规</a>
        <a href="#">常用下载</a>
    </div>
</body>
```

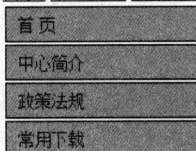

浏览器显示效果如图 5-12 所示。

5.2.7 综合案例 3

此案例使用盒子模型美化表格：

```
<head>
    <title>CSS 盒子模型</title>
    <style type="text/css">
        table {
            border: 1px solid #0033FF;
        }
        td.title {
            border-bottom: 1px dashed #0066FF;
        }
    </style>
</head>
<body>
    <table width="168" border="0" cellpadding="3" cellspacing="8">
        <tr><td class="title">课程简介</td></tr>
        <tr><td>电子商务专业的学生应掌握网页设计的基础知识,因为以后要接触到大量的
        修改网页工作,至少应该为以后打下一个良好的基础</td></tr>
    </table>
</body>
```

浏览器显示效果如图 5-13 所示。

图 5-12 CSS 导航效果

图 5-13 综合案例 3 效果

5.2.8　综合案例 4

一共分为 4 个区块,每个区块的框架是一样的,这个框架就是用 CSS 写出来的,样式写一次,就可以被无数次调用了(用 class 调用,而不是 ID),只要改变其中的文字内容就可以生成风格统一的众多板块了,样式和结构代码如下:

```
<style type="text/css">
<!--
* {margin:0px; padding:0px;}
body {
    font-size: 12px;
    margin: 0px auto;
    height: auto;width: 805px;
}
.mainBox {
    border: 1px dashed #0099CC;
    margin: 3px;
    padding: 0px;
    float: left;
    height: 300px;
    width: 192px;
}
.mainBox h3 {float: left;
    height: 20px;
    width: 179px;
    color: #FFFFFF;
    padding: 6px 3px 3px 10px;
    background-color: #0099CC;
    font-size: 16px;
}
.mainBox p {line-height: 1.5em;
  text-indent: 2em;
  margin: 35px 5px 5px 5px;
}
-->
</style>
<div class="mainBox">
    <h3>前言</h3>
    <p>正文内容</p>
</div><div class="mainBox">
    <h3>CSS 盒子模式</h3>
    <p>正文内容 </p>
</div>
<div class="mainBox">
    <h3>转变思想</h3>
    <p>正文内容 </p>
</div>
<div class="mainBox">
```

```
    <h3>熟悉步骤</h3>
    <p>正文内容 </p>
</div>
```

浏览器显示效果如图 5-14 所示。

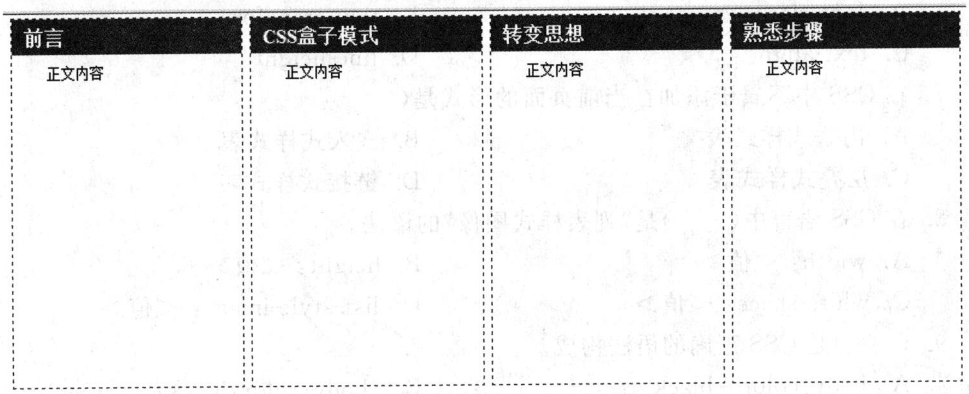

前言	CSS盒子模式	转变思想	熟悉步骤
正文内容	正文内容	正文内容	正文内容

图 5-14 综合案例 4 效果

本章小结

本章重点介绍了盒子模型的含义和使用方法。通过本章的学习,同学们应该能够利用 DIV+CSS 编写简单的网页,其中重点掌握 DIV 盒子模型,为后续的课程打下坚实的基础。

课后习题

一、选择题

1. "样式表定义中的 display 和 visibility 效果是一样的,都是用于网页指定对象的隐藏和显示"的说法是(   )。

　　A. 正确的　　　　　　　　　　B. 不正确的

2. 如果要将网页中的两个 div 对象制作为重叠效果,(   )。

　　A. 是不可能的

　　B. 利用表格标记<table>

　　C. 利用样式表定义中的绝对位置与相对位置属性

　　D. 利用样式表定义中的 z-index 属性

3. CSS 是利用(   )XHTML 标记构建网页布局。

　　A. <dir>　　　　B. <div>　　　　C. <dis>　　　　D. <dif>

4. 在 CSS 语言中(   )是"左边框"的语法。

　　A. border-left-width:<值>　　　　B. border-top-width:<值>

C. border-left：<值>　　　　　　D. border-top-width：<值>

5. 在 CSS 语言中（　　）的适用对象是"所有对象"。

A. 背景附件　　　　B. 文本排列　　　　C. 纵向排列　　　　D. 文本缩进

6. 下列选项中不属于 CSS 文本属性的是（　　）。

A. font-size　　　　　　　　　　B. text-transform

C. text-align　　　　　　　　　　D. line-height

7. 在 CSS 中不属于添加在当前页面的形式是（　　）。

A. 内联式样式表　　　　　　　　B. 嵌入式样式表

C. 层叠式样式表　　　　　　　　D. 链接式样式表

8. 在 CSS 语言中（　　）是"列表样式图像"的语法。

A. width：<值>　　　　　　　　B. height：<值>

C. white-space：<值>　　　　　　D. list-style-image：<值>

9. （　　）是 CSS 正确的语法构成。

A. body：color＝black　　　　　　B. ｛body；color：black｝

C. body ｛color：black；｝　　　　　D. ｛body：color＝blackbody｝

10. （　　）CSS 属性是用来更改背景颜色的。

A. background-color：　　　　　　B. bgcolor：

C. color：　　　　　　　　　　　D. text：

11. 给所有的<h1>标签添加背景颜色的代码是（　　）。

A. .h1 ｛background-color：#FFFFFF｝

B. h1 ｛background-color：#FFFFFF；｝

C. h1. all ｛background-color：#FFFFFF｝

D. #h1 ｛background-color：#FFFFFF｝

12. （　　）CSS 属性可以更改样式表的字体颜色。

A. text-color＝　　B. fgcolor：　　C. text-color：　　D. color：

13. （　　）CSS 属性可以更改字体大小。

A. text-size　　　　B. font-size　　　C. text-style　　　D. font-style

14. （　　）代码能够定义所有 P 标签内文字加粗。

A. <p style＝"text-size：bold">　　B. <p style＝"font-size：bold">

C. p ｛text-size：bold｝　　　　　　D. p ｛font-weight：bold｝

15. 去掉文本超链接的下划线的代码是（　　）。

A. a ｛text-decoration：no underline｝　　B. a ｛underline：none｝

C. a ｛decoration：no underline｝　　　　D. a ｛text-decoration：none｝

16. （　　）CSS 属性能够更改文本字体。

A. f：　　　　　　　　　　　　B. font＝

C. font-family：　　　　　　　　D. text-decoration：none

二、填空题

1. _____是层叠样式表中的定位技术，即为划分，_____可以把文档分割为独立的、不同的部分。

2. DIV＋CSS 布局页面能够使得_____和_____相分离,这也是用 CSS 布局的特色所在。

3. CSS 框模型(Box Model)规定了元素框处理元素_____、_____、_____和_____的方式。

4. CSS border 属性设置元素边框的_____、_____和_____。

5. 围绕在元素边框的空白区域是_____。

6. 盒子的_____就是盒子边框到内容之间的距离,和表格的填充属性_____较相似。

7. display 的属性有_____、_____、_____、_____。

8. 若 display 的属性设为 block,则元素总是在_____上开始。

9. 若 display 的属性设为 inline,则元素和其他元素都在_____上。

10. 若 display 的属性设为 none,该元素被设置为_____,浏览器会完全忽略掉这个元素,该元素将不会被显示,也不会占据文档中的位置。

三、问答题

1. 简述一个盒子模型的基本结构。

2. 写出 display 的 4 种属性及其各自作用。

第 6 章

网页的布局与排版

网站总体设计是对网站中所有网页的整体布局和色彩等内容进行的整体规划和设计,使整个网站的风格更加统一,色彩搭配更加合理,界面更友好。其主要包括网站整体布局、页面布局的具体方法和网页色彩搭配的设计。通过网页风格的设计使网页布局趋于合理,色彩搭配更加赏心悦目。本章主要通过相关实例介绍页面的布局与定位。

本 章 重 点

- 掌握网页排版方法
- 掌握页面的基本构成
- 掌握 CSS、DIV 实现网页的布局与排版

6.1 网页的布局

6.1.1 概述

网页的布局与排版是指网页上不同功能分区的数量及其排列的位置和顺序以及颜色、字体、字号的设计。从事网页布局这项工作非常像报纸的主编,将每天大大小小、长短不一的新闻在固定的版面中进行摆放,以达到最好的效果。

版面指的是用户在浏览器中看到的一个完整页面。因为每个用户使用的显示器的分辨率不同,所以同一个页面的大小可能出现 640 像素×480 像素、800 像素×600 像素、1024 像素×768 像素等不同尺寸,布局就是指以最适合用户浏览的方式将图片和文字排版放在页面的不同位置。

由于页面尺寸和显示器大小及分辨率有关系,网页的局限性就在于设计人员无法突破显示器的约束,而且因为浏览器也将占去不少空间,留下给设计人员的页面范围变得越来越小。

一般分辨率在 800 像素×600 像素的情况下,页面的显示尺寸为 780 像素×428 像素;分辨率在 640 像素×480 像素的情况下,页面的显示尺寸为 620 像素×311 像素;分辨率在 1024 像素×768 像素的情况下,页面的显示尺寸为 1007 像素×600 像素。

从以上数据可以看出,分辨率越高页面尺寸越大。由于现代硬件环境的不断改善,显示器的分辨率均在 1024 像素×768 像素以上,因此设计人员可以考虑以 1007 像素×600 像素作为自己网页的页面尺寸。

浏览器的工具栏也是影响页面尺寸的原因。一般浏览器的工具栏都可以取消或者增加,那么当显示全部工具栏和关闭全部工具栏时,页面的尺寸是不一样的。这些也是在网页设计之初设计人员应该考虑的问题。

在网页设计过程中,向下拖动页面是唯一给网页增加更多内容(尺寸)的方法。但需要注意的是,除非设计人员确定站点的内容能够吸引大家拖动;否则设计页面尽量保证不超过 3 屏。如果需要在同一页面显示超过 3 屏内容,那么设计者最好能在网页上使用页面内部链接,方便访问者浏览。

6.1.2　常见的布局样式

虽然显示器和浏览器都是矩形,但对于页面的造型,设计人员可以充分运用自然界中的其他形状及其组合,常用的页面造型大致可分为"国"字形、拐角形、标题正文形、框架形、封面形、Flash 形。下面分别论述。

1. "国"字形

"国"字形也可以称为"同"字形,这是国内一些大型网站常见的布局方式,如图 6-1 所示。最上面是网站的标志、广告及导航栏,接下来就是网站的主要内容,左、右分别列出一些栏目,中间是主要部分,与左右一起罗列到底,最下面是网站的一些基本信息、联系方式、版权声明等。

图 6-1　"国"字形布局

这种结构是网页浏览者在网上见到的最多的一种结构类型。其优点是充分利用了版面,信息量大;缺点是页面显得很拥挤,不够灵活。

2. 拐角形

拐角形这种结构与上一种其实只是形式上的区别,其实是很相近的,上面是标题及广告横幅,接下来的左侧是一窄列链接等,右列是很宽的正文,下面也是一些网站的辅助信息。在这种类型中,一种很常见的类型是最上面是标题及广告,左侧是导航链接,如图 6-2 所示。

图 6-2　拐角形

3. 标题正文形

标题正文形即最上面是标题或类似的一些东西,下面是正文,如一些文章页面或注册页面等就是这种类型,如图 6-3 所示。

4. 框架形

框架形根据框架结构可分为左右框架形、上下框架形和综合框架形。

左右框架形是一种左右为分别两页的框架结构,一般左面是导航链接,有时最上面会有一个小的标题或标志,右面是正文。浏览者见到的大部分的大型论坛都是这种结构的,有一些企业网站也喜欢采用。这种类型结构非常清晰,一目了然,如图 6-4 所示。

上下框架形与左右框架形类似,区别仅仅在于是一种上下分为两页的框架。

综合框架形是左右框架形和上下框架形结构的结合,是相对复杂的一种框架结构,较为常见的是类似于"拐角形"结构的,只是采用了框架结构。

图 6-3　标题正文形

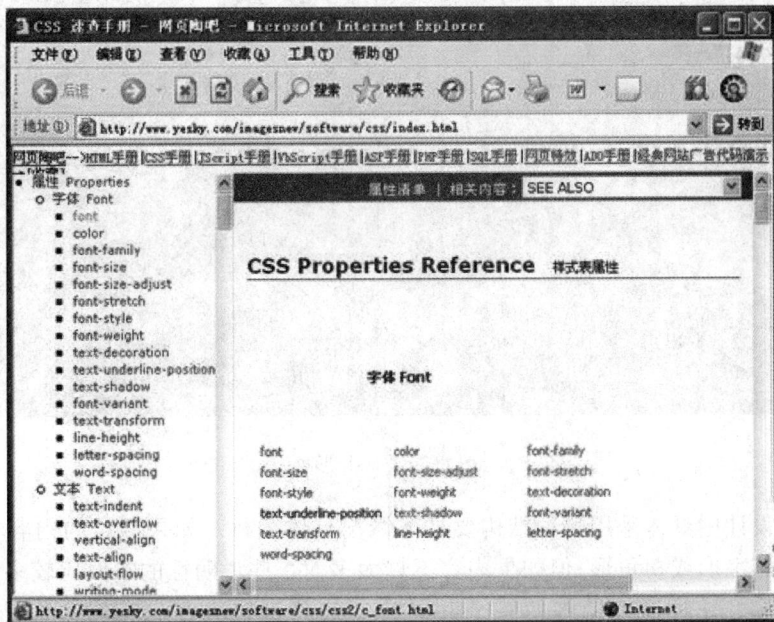

图 6-4　左右框架形

5．封面形

一般应用在网站的主页或广告宣传页上，为精美的图像加上简单的文字链接，指向网页中的主要栏目，或通过"进入"等提示性文字链接到下一个页面。这种类型大部分出现在企业网站和个人主页,通常会给人带来赏心悦目的感觉,如图 6-5 所示。

图 6-5　封面形

6. Flash 形

与封面形结构类似,如图 6-6 所示,不同的是采用了 Flash 技术,动感十足,由于 Flash 强大的功能,页面所表达的信息更丰富,其视觉效果及听觉效果更容易吸引访问者。

图 6-6　Flash 形

在实际设计中具体采用哪种结构要具体情况具体分析。如果网站的内容非常多,就要考虑用"国"字形或拐角形;但如果内容不算太多而一些说明性的东西比较多,则可以考虑标题正文形。几种框架结构的一个共同特点就是浏览方便、速度快,但结构变化不灵活。

如果是一个网站想展示企业形象的网站或想展示个人风采的个人主页,封面形则是首选;Flash 形更灵活一些,好的 Flash 大大丰富了网页,但是它不能表达过多的文字信息,同时打开的速度也较慢一些。

6.1.3 网页布局的步骤

在制作网页之前,需要先对要制作的网页有一个整体规划,即明确该网页要传达的主要信息是什么、有什么样的整体框架、通过什么方式来实现等。通过整体规划,可以确定导航内容,为后续网页设计与制作奠定基础。

1. 构思

为了使网页能够达到最佳的视觉效果,应该讲究网页整体布局的合理性,使浏览者有一个流畅的视觉体验。在制作网页前,可以先构思出网页的草图。

许多网页设计人员不喜欢先画出页面布局的草图,而是直接在网页设计器里边设计布局边加内容。这种不打草稿的方法会使设计人员在网页的设计过程中遇到很多麻烦,所以在开始制作网页时,要先在纸上画出页面的布局草图,如图 6-7 所示。

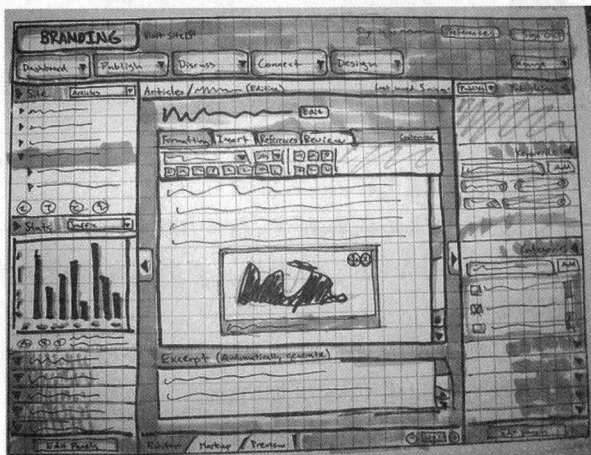

图 6-7 纸上布局草图

设计版面布局前先画出版面的布局草图,接着对版面布局进行细化和调整,反复这个过程后,确定最终的布局方案。

2. 软件布局

根据布局草图,利用软件完成草图的精细化、具体化。常用软件有 Photoshop、Fireworks 等。不像用纸来设计布局,利用软件可以方便地使用颜色和图形,并且可以利用层的功能设计出用纸张无法实现的布局意念。图 6-8 所示为使用软件布局的网页草图。

3. 网页实现

最后利用代码将软件布局的网页进行布局排版,得到最终的页面效果。常用的排版布局技术有表格、框架和 DIV+CSS。在下一节具体分析。

6.1.4 网页布局的技术

常用的排版布局技术有表格、框架和 DIV+CSS。下面具体了解一下。

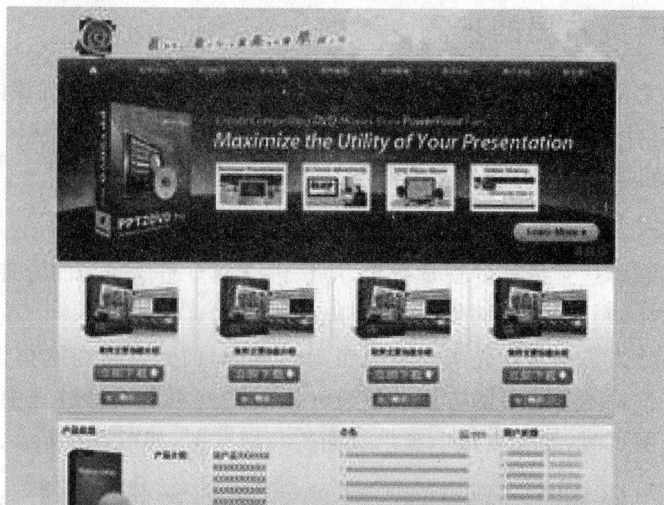

图 6-8　使用软件布局的网页草图

1. 表格布局

利用表格进行网页布局的方法比较简单,将网页分为几个表格,页面上方一般是导航条的位置,采用一个表格;页面中间是内容列表、新闻图片等,分为 2～3 栏,用一个表格;页面下部是文字导航条、版权声明等,用一个表格。如果在页面中间的内容部分有需要,还可以在其中进一步嵌套表格。

表格布局的优势在于它能对不同对象加以处理,而又不用担心不同对象之间的影响。而且表格在定位图片和文本上比起用 CSS 更加方便。

表格布局的缺点是,当使用了过多表格时,页面下载速度会受到影响。

对于表格布局,设计者可以随便找一个站点的首页,然后保存为 HTML 文件,利用网页编辑工具打开它(要所见即所得的软件),就会看到这个页面是如何利用表格的。

2. 框架布局

框架结构的页面开始被许多人不喜欢,可能是因为它的兼容性问题。但从布局上考虑,框架结构不失为一个好的布局方法。它如同表格布局一样,把不同对象放置到不同页面加以处理,因为框架可以取消边框,所以一般来说不影响整体美观。

3. DIV+CSS

从 HTML 4.0 标准发布以来,CSS(层叠样式表)就被提了出来,它能完全精确地定位文本和图片。CSS 对于初学者来说显得有点复杂,但它的确是一个好的布局方法。设计者曾经无法实现的想法利用 CSS 都能实现。目前在许多站点上,层叠样式表的运用是一个站点优秀的体现。

DIV+CSS 方法的最大优点就是将内容和布局分开处理,去掉了表格过多的烦琐标签,缩减了网页文件大小。通过 CSS 样式可以给框架进行功能强大的属性设置以及给网页的局部进行任意定位,制作出来的页面浏览速度较快,同时页面的风格可以通过修改单独的 CSS 文件进行修改和更新。

6.2 DIV＋CSS 排版案例

6.2.1 案例一：力宏昌盛公司网页排版

1. 页面结构设计

根据构思好的页面排版布局，利用 Photoshop 或 Fireworks(以下简称 PS 或 FW)等图片处理软件将需要制作界面布局简单地勾画出来，图 6-9 是已经制作好的界面布局图。

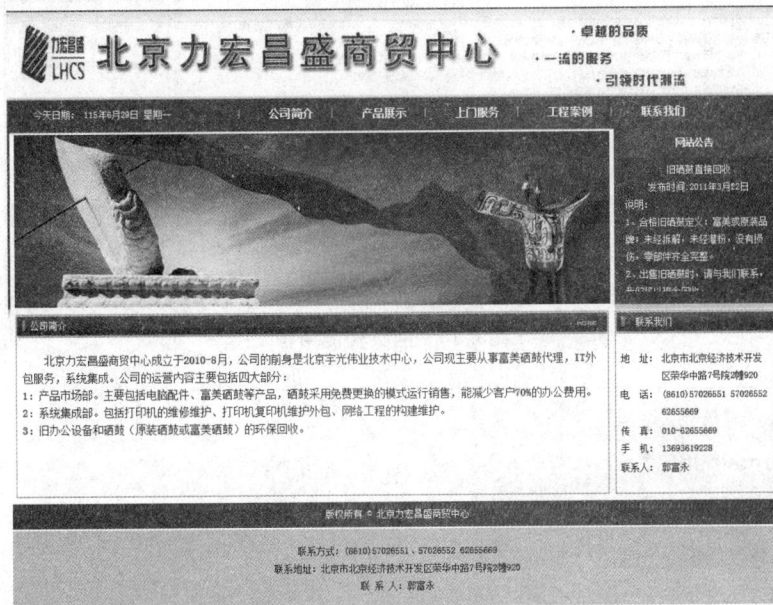

图 6-9　公司简介页面

2. 确定网页的功能结构

利用 DIV＋CSS 布局，首先确定网站的主题布局，然后进行局部的板块设计。一般标准的网站包括 LOGO 区、导航区、内容区和版权区。其中，内容区又可以分为多种灵活的布局划分，如左中右、左窄右宽、左宽右窄等几种方式。

不管什么布局，其基本实现方法都是先根据布局要求划分功能层次结构，根据层次结构建立对应的 DIV 层，然后通过对 DIV 层设置 CSS 样式来控制版块位置、边距和颜色等显示效果。

力宏昌盛公司简介网页功能结构为头部 Header 区域、导航 Menu 区域、Banner 区域、内容 PageBody 区域和版权 Footer 区域，如图 6-10 所示。

根据图 6-10，Banner 区域又可以分为左、右两部分，PageBody 区域也分为左、右两部分，则页面结构如图 6-11 所示。

根据页面结构图，可以得到 DIV 结构如图 6-12 所示。

图 6-10　网页功能结构

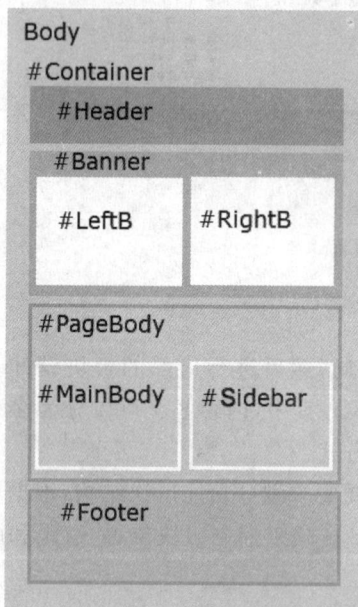

图 6-11　页面结构

```
| Body {}
└#Container {} / * 页面层容器 * /
  ├#Header {} / * 页面头部 * /
  ├#Menu {} / * 页面导航 * /
  ├#Banner {} / * 页面广告 * /
  │      ├#LeftB {} / * 左边栏 * /
  │      └#RightB {} / * 右边栏 * /
  ├#PageBody {} / * 页面主体 * /
  │      └#MainBody {} / * 主体内容 * /
  │      ├#Sidebar {} / * 侧边栏 * /
  └#Footer {} / * 页面底部 * /
```

图 6-12　DIV 结构

3. 编写网页结构

（1）新建网页文件 index. html。在<body></body>标签对中写入 DIV 的基本结构,代码如下:

```
<div id="container">                    //页面层容器
    <div id="Header">                   //页面头部
    </div>
    <div id="Menu">                     //页面导航
    </div>
    <div id="Banner">                   //页面广告
        <div id="LeftB">
        </div>
        <div id="RightB">
        </div>
    </div>
    <div id="PageBody">                 //页面主体
        <div id="MainBody">
        </div>
        <div id="Sidebar">
        </div>
    </div>
    <div id="Footer">                   //页面底部
    </div>
</div>
```

(2) 新建样式文件 Css1.css。在样式文件中定义页面全局属性,如字体、字号、页边距等控制。在 index.html 文件中添加 Css1.css 的链接:

```
<link href="Css1.css" rel="stylesheet" type="text/css" />
```

(3) 在 Css1.css 中加入以下语句代码,保存 Css1 文件,浏览器预览 Index.html,可以看到网页的基础结构,即页面的框架,如图 6-13 所示。

```
/*基本信息*/
Body {font:12px Tahoma; margin:0px;text-align:center; background:#FFF;}
/*页面层容器*/
#Container {width:100% }
/*页面头部*/
#Header {width:800px; margin:0 auto ; height:100px ;background:#FC9}
/*页面导航*/
#Menu {width:800px; margin:0 auto ; height:30px ;background:#F09}
/*页面广告*/
#Banner {width:800px;margin:0 auto;height:200px;background:#C0F}
#LefyB {float:left;width:600px;height:200px;background:#cf9;}
#RightB {float:right;width:200px;height:200px;background:#c99;}
/*页面主体*/
#PageBody {width:800px;margin:0 auto;height:300px;background:#CF0}
#MainBody {float:left;width:600px;height:300px;background:#F09;}
#Sidebar {float:right;width:200px;height:300px;background:#F90;}
/*页面底部*/
#Footer {width:800px;margin:0 auto;height:50px;background:#00FFFF}
```

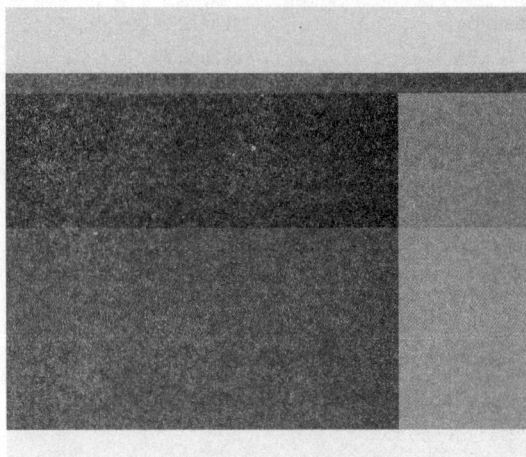

图 6-13　页面的框架

4. 制作细部

写好了页面大致的 DIV 结构后,就可以开始细致地对每一个部分进行制作了。在上一部分写入了一些样式,那些样式是为了预览结构而写入的。具体到要完成的网页,需要对 CSS 代码做进一步修改和调整。

(1) 应该根据网页实际大小做调整。利用 Photoshop 或 Fireworks 将网页进行切片,确定每一部分的大小,如图 6-14 所示。

图 6-14　切片及大小(案例一)

小经验　合理的切片是非常重要的,因为切片的方法正确与否决定了 CSS 书写的简易程度以及页面载入速度。

(2) 定义整体、链接和页面容器样式。代码如下:

```
//设置网页整体属性,字号为 12 像素大小,字体为 Tahoma 格式,文字居中对齐,背景色为白色
body {font:12px Tahoma;margin:0px;text-align:center;background:#FFF;}
a:link,a:visited {font-size:12px;text-decoration:none;}
a:hover{}
//页面层容器,宽度 1000 像素,页面上、下边距为 10 个像素,并且居中显示
#container {width:1000px;margin:10px auto}
```

注意　padding 属性和 margin 有许多相似之处,它们的参数是一样的,只不过各自表示的含义不相同。margin 是外部距离,而 padding 则是内部距离。

小经验　颜色使用了缩写,完整的应该是 background:#FFFFFF。

(3) 定义头部区域样式。头部内容主要设置头部的背景图片。代码如下:

```
//添加背景图片,不填充
#header {background:url(head.gif) no-repeat}
```

小经验　层的属性又可以让层根据内容自动设定调整,因此并不需要指定高度。

(4) 定义页面导航区域样式。利用列表<li>制作菜单。

Css1.css 文件中输入以下代码:

```
#Menu {padding:0 80px 0 0; background:#7b4198;height:30px}
                                                    //利用 padding 固定菜单位置
#Menu ul {float:right;list-style:none;margin:0px;}
                                                    //取消列表符号,删除 UL 的缩进
#Menu ul li {float:left;margin:0 10px;display:block;line-height:28px}
.menuDiv {width:1px;height:30px;background:#FFF}     //利用空的列表项加入竖线
#Menu ul li a:link,#menu ul li a:visited {color:#FFF}  //修改超链接样式
#menu ul li a:hover{}
.mtext{padding:0px 0px 0 50PX;float:left; text-align:left; line-height:22pt;
display:block; color:#FFF}                           //设置文字效果
```

Index.html 文件中输入以下代码:

```
<div id="Menu">
    <div class="mtext">今日日期:2015 年 7 月 6 日 星期一</div>
<ul>
    <li><a href="#">公司简介</a></li>
    <li class="menuDiv"></li>          //内容为空的列表,为了实现菜单间的竖线预留的
    <li><a href="#">产品展示</a></li>
    <li class="menuDiv"></li>
    <li><a href="#">上门服务</a></li>
    <li class="menuDiv"></li>
```

```
    <li><a href="#">工程案例</a></li>
    <li class="menuDiv"></li>
    <li><a href="#">联系我们</a></li>
</ul>
</div>
```

导航完成后效果如图 6-15 所示。

图 6-15 导航效果

（5）定义页面广告区域样式。广告区域分为两部分内容。

Css1.css 文件中输入以下代码：

```
#Banner {width:1000px;margin:0 auto;height:221px;background:#7b4198}
#LeftB {width:781px;float:left; clear:left; overflow:hidden; }
#RightB {width:219px;text-align:left; float:right;clear:right; overflow:
        hidden}
    .newstitle{text-align:center;line-height:20pt;color:#FFF; background:
                #9459ab;}
    .news{line-height:13pt;color:#FFF}
```

Index.html 文件中输入以下代码：

```
<div id="Banner">
    <div id="LeftB">
        <img src="images/LeftB.gif" />
    </div>
    <div id="RightB">
        <div class="newstitle">网站公告</div>
        <div class="news"><center>旧硒鼓回收<br />
        发布时间:2011 年 3 月 22 日<br /></center>
        说明:<br />
        1.合格旧硒鼓定义:富美或原装品牌;未经拆解,未经灌粉,没有损伤,零部件齐全完
            整。<br />
        2.出售旧硒鼓时,请与我们联系,我们将以现金回收。<br />
        电话: 010-57026551  57026552<br />13693619228<br />
        </div>
    </div>
</div>
```

页面广告区域完成后效果如图 6-16 所示。

（6）定义页面主题区域样式。首先设置 MainBody 区域样式。

Css1.css 文件中输入以下代码：

```
#PageBody {width:1000px;margin:0 auto;height:365px;background:#CF0}
```

图 6-16 广告效果

```
#MainBody {width:781px;float:left; clear:left; overflow:hidden; text-align:
left;}
    .gsjj1{width:781px; height:46px; background:url(images/gsjj1.gif) no-
        repeat}
    .gsjj2{width:781px;height:294px;background:url(images/gsjj2.gif) repeat
        -y;overflow:hidden}
    .gsjj3{width:781px; height:25px; background:url(images/gsjj3.gif) no-
        repeat}
    .rec{float:left; width:4px; height:15PX; background:#b39bc1; margin:15px
        0px 0px 20px}
    .text1{padding:10px 0px 0px 10PX;float:left; text-align:left; display:
        block; line-height:22pt;color:#FFF}
    .text2{padding:10px 12px 0px 15PX;float:right; text-align:left;display:
        block;line-height:22pt;color:#FFF}
    .text3{padding:10px 0px 0px 20PX; line-height:18pt; color:#000; width:
        750px}
```

Index. html 文件中输入以下代码:

```
<div id="PageBody">
    <div id="MainBody">
     <div class="gsjj1">
         <div class="rec"></div><div class="text1">公司简介</div><div
         class="text2">more</div>
     </div>
    <div class="gsjj2">
    <div class="text3">
      北京力宏昌盛商贸中心成立于 2010-8 月,公
司的前身是北京宇光伟业技术中心,公司现主要从事富美硒鼓代理、IT 外包服务、系统集成。
公司的运营内容主要包括三大部分:<br/>
1:产品市场部。主要包括电脑配件、富美硒鼓等产品,硒鼓采用免费更换的模式运行销售,
    能减少客户 70% 的办公费用。
<br/>
2:系统集成部。包括打印机的维修维护、打印机复印机维护外包、网络工程的构建维护。
<br/>
3:旧办公设备和硒鼓(原装硒鼓或富美硒鼓)的环保回收。<br/>
```

```
        </div>
      </div>
  <div class="gsjj3"></div>
  </div>
</div>
```

MainBody 区域样式完成后效果如图 6-17 所示。

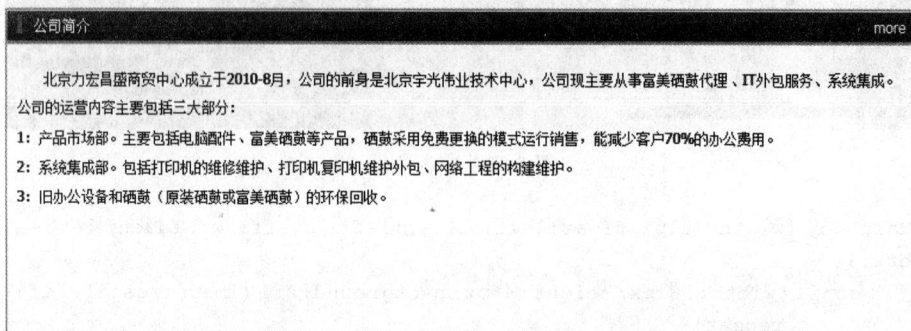

图 6-17　页面主题效果

设置 Sidebar 区域样式。

Css1.css 文件中输入以下代码：

```
#Sidebar {width:219px;text-align:left; float:right;clear:right; overflow:
hidden}
    .lxwm1{width:781px;height:41px;background:url(images/lxwm1.gif) no-
        repeat}
    .lxwm2{width:781px;height:308px;background:url(images/lxwm2.gif)
        repeat-y}
    .lxwm3{width:781px;height:16px;background:url(images/lxwm3.gif) no-
        repeat}
    .text4{padding:10px 0px 0px 20PX; line-height:18pt; color:#000; width:
        180px}
```

Index.html 文件中输入以下代码：

```
<div id="Sidebar">
    <div class="lxwm1">
        <div class="rec"></div><div class="text1">联系我们</div>
    </div>
    <div class="lxwm2">
        <div class="text4">
            地　址：北京市北京经济技术开发区荣华中路 7 号院 2 幢 920<br/>
            电　话：(8610)57026551 57026552 62655669<br/>
            传　真：010-62655669<br/>
            手　机：13693619228<br/>
            联系人：郭富永<br/>
        </div>
```

```
    </div>
<div class="lxwm3"></div>
```

Sidebar 区域样式完成后效果如图 6-18 所示。

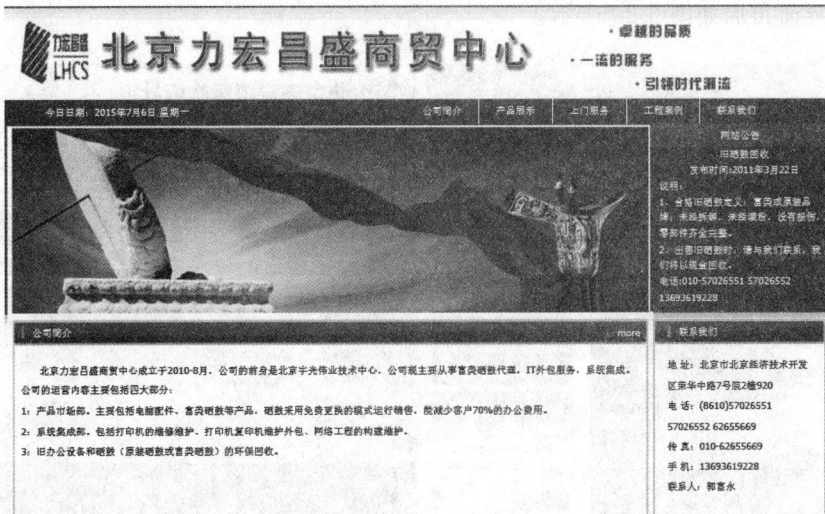

图 6-18 右侧区域效果

（7）定义页面底部区域样式。

Css1.css 文件中输入以下代码：

```
#Footer {width:1000px;margin:0 auto;height:135px;}
.Ftext{ width:1000;line-height:18pt;color:#000; background:#b39bc1}
```

Index.html 文件中输入以下代码：

```
<div id="Footer">
    <div class="newstitle">版权所有©北京力宏昌盛商贸中心    //采用已有样式效果
    </div>
    <div class="Ftext">联系方式：(8610)57026551、57026552 62655669<br/>
     联系地址：北京市北京经济技术开发区荣华中路 7 号院 2 幢 920<br/>
     联 系 人：郭富永
    </div>
</div>
```

页面底部区域样式完成后效果如图 6-19 所示。

图 6-19 页面底部效果

6.2.2　案例二：天安旅游网排版

1. 页面结构设计

网页界面布局如图 6-20 所示。

图 6-20　天安旅游网

2. 确定网页的功能结构

根据布局要求划分功能层次结构,根据层次结构建立对应的 DIV 层,天安旅游网页功能结构为 Banner 区域、导航 Menu 区域、内容 PageBody 区域,如图 6-21 所示。

图 6-21　网页功能结构

根据图 6-21,Menu 区域又可以垂直分为 4 部分,PageBody 区域也垂直分为 5 部分,则页面结构图如图 6-22 所示。

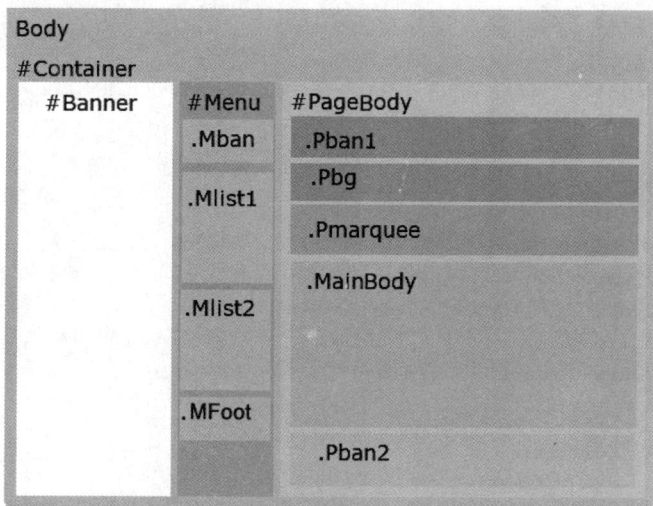

图 6-22　页面结构

根据页面结构图,可以得到 DIV 结构如图 6-23 所示。

```
| Body {}
└#Container {}   /*页面层容器*/
    ├#Banner {}   /*页面广告*/
    ├#Menu {}   /*页面导航*/
    |   ├.Mban {}   /*导航广告*/
    |   ├.Mlist1 {}   /*菜单1*/
    |   ├.Mlist2 {}   /*菜单2*/
    |   └.MFoot {}   /*导航底部*/
        └#PageBody {}   /*页面主体*/
    |   ├.Pban1 {}   /*主体广告1*/
    |   ├.Pbg {}   /*主体图片*/
    |   ├.Pmarquee {}   /*主体滚动图片*/
    |   ├.MainBody {}   /*主体内容*/
    └   └.Pban2 {}   /*主体广告2*/
```

图 6-23　DIV 结构

3. 编写网页结构

(1) 新建网页文件 index. html。在<body></body>标签对中写入 DIV 的基本结构,代码如下:

```
<body>
<!--页面容器-->
<div id="Container">
<!--页面广告-->
```

```
    <div id="Banner">    </div>
<!--页面导航-->
    <div id="Menu">
      <div class="Mban">    </div>
      <div class="Mlist1">    </div>
      <div class="Mlist2">    </div>
      <div class="MFoot">    </div>
    </div>
<!--页面主体-->
    <div id="PageBody">
        <div class="Pban1">    </div>
      <div class="Pbg">    </div>
      <div class="Pmarquee ">    </div>
      <div class="MainBody ">    </div>
      <div class="Pban2">    </div>
    </div>
</div>
</body>
```

（2）新建样式文件 Css1.css。在样式文件中定义页面全局属性，如字体、字号、页边距等控制。在 index.html 文件中添加 Css1.css 的链接。

```
<link href="Css1.css" rel="stylesheet" type="text/css" />
```

4. 切片

利用 Photoshop 或 Fireworks 将网页进行切片，确定每一部分的大小，如图 6-24 所示。

图 6-24　切片及大小（案例二）

5. 定义整体、链接和页面容器样式

代码如下：

```
//设置网页整体属性,字号为12像素大小,字体为Tahoma格式,文字居中对齐,背景色为白色
body {font:12px Tahoma;margin:0px;text-align:center;background:#FFF;}
a:link,a:visited {font-size:12px;text-decoration:none;}
a:hover{}
//页面层容器,宽度1000px,页面上、下边距为10个像素,并且居中显示
#container {width:1000px;margin:10px auto}
```

6. 定义页面广告区域样式

主要添加 Flash 广告。

Index.html 文件中插入 Flash 广告,输入以下代码：

```
<div id="Banner">
    <embed src="images/index.swf" autostart="true" width="308" height=
    "610">
</div>
```

Css1.css 文件设置样式,输入以下代码：

```
/*页面广告*/
#Banner {padding:20px 0px 0px 0px;float:left;margin:0 auto;background:#FFF}
```

页面广告区域完成后效果如图 6-25 所示。

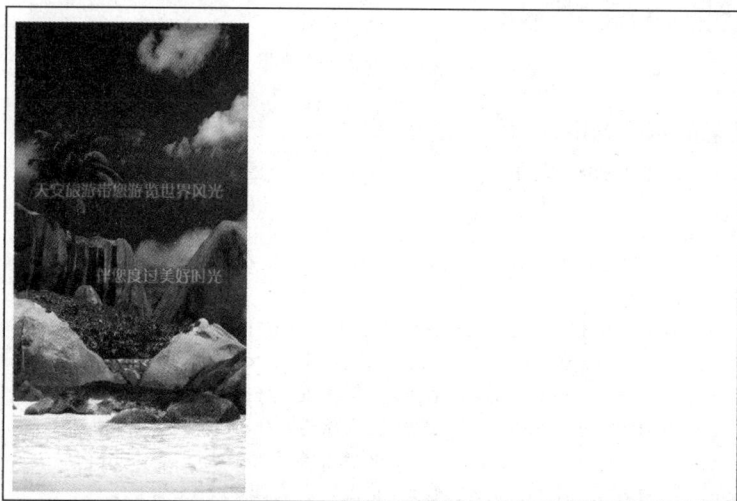

图 6-25 页面广告效果

7. 定义页面导航区域样式

(1) 定义 Menu 和 Mban 样式。

Index.html 文件中输入以下代码：

```
<div id="Menu">
    <div class="Mban"><img src="images/2_01.gif" /></div>
</div>
```

Css1.css 文件中输入以下代码：

```
/*页面导航*/
#Menu {margin: 10px 0px 0px 15px; width: 171px; height: 601px; float: left;
background-color: #EFEFEF}
.Mban {width:171px;height:67px}
```

完成后效果如图 6-26 所示。

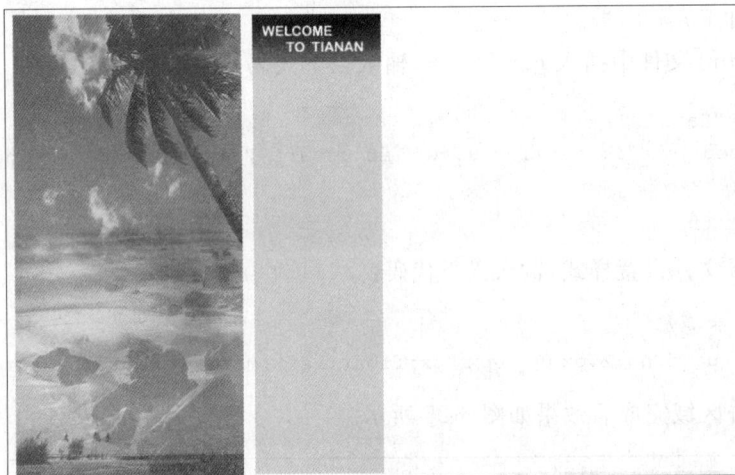

图 6-26　页面导航效果

（2）设置菜单样式 Mlist1。

Index.html 文件中输入以下代码：

```
<div id="Menu">
    <div class="Mban"><img src="images/2_01.gif" /></div>
    <div class="Mlist1">
    <table width="100%" border="0" cellpadding="0" cellspacing="0">
        <tr><td class="table1_li1">首页</td></tr>
        <tr><td class="table1_li">关于天安</td></tr>
        <tr><td class="table1_li">国内旅游</td></tr>
        <tr><td class="table1_li">出境旅游</td></tr>
        <tr><td class="table1_li">北戴河看大海</td></tr>
        <tr><td class="table1_li">联系我们</td></tr>
    </table>
    </div>
</div>
```

Css1.css 文件中输入以下代码：

```
/*表格菜单*/
```

```
.Mlist1 {width: 162px;height:147px;margin: 22px auto 0px auto;}
.table1_li1 {
    text-align:right;
    height: 29px;
    line-height: 28px;
    padding-right: 20px;
    background:url(images/index_02_2.gif);
    background-repeat: no-repeat;
    background-position: left top;
}
.table1_li {
    text-align:right;
    height: 29px;
    line-height: 28px;
    padding-right: 20px;
    background:url(images/index_02.gif);
    background-repeat: no-repeat;
    background-position: left top;
}
```

完成后效果如图 6-27 所示。

图 6-27 导航菜单

（3）设置菜单样式 Mlist2。

Index. html 文件中输入以下代码：

```
<div id="Menu">
    <div class="Mban"><img src="images/2_01.gif" /></div>
<div class="Mlist2">
    <ul>
        <li><img src="images/b1.gif" border="0">
        <li> 
        <li><img src="images/b2.gif" border="0">
        <li> 
        <li><img src="images/b3.gif" border="0">
    </ul>
</div>
</div>
```

Css1.css 文件中输入以下代码：

```
/*导航2*/
.Mlist2 {width:160px;background-color:#0F9; margin:40px 0px 0px 5px;}
.Mlist2 ul{float:right;list-style:none;margin:0px;}
```

完成后效果如图 6-28 所示。

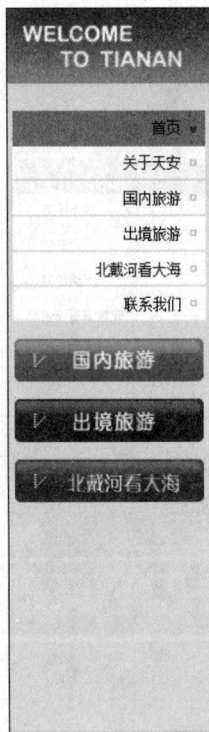

图 6-28　导航菜单设置

（4）设置菜单样式 MFoot。

Index.html 文件中输入以下代码：

```
<div class="MFoot"><img src="images/ad.gif" border="0">
```

Css1.css 文件中输入以下代码:

```
/* 导航底部 */
.MFoot {width:171px;margin: 190px 0px 0px 0px;}
```

完成后效果如图 6-29 所示。

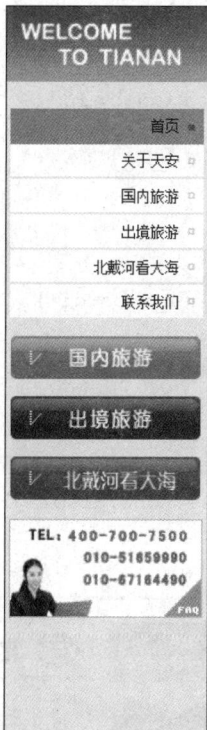

图 6-29 导航图片设置

8. 定义页面主体区域样式

(1) 设置页面主体样式 PageBody 和 Pban1。

Index.html 文件中输入以下代码:

```
<!--页面主体-->
  <div id="PageBody">
   <div class="Pban1">
      <div class="caption_left"><img src="images/logo.gif" border="0">
      </div>
      <div class="caption_right">
      <ul>
        <li>设为首页
        <li>
        <li>加入收藏
        <li>
      </ul>
```

```
        </div>
      </div>
    </div>
```

Css1.css 文件中输入以下代码：

```
/*页面主体*/
#PageBody {margin:10px 0px 0px 15px;width:486px;height:601px;float:left;
background-color: #EFEFEF}
.Pban1 { float:left;overflow: hidden; }
.caption_left { width: 322px;float:left; }
.caption_right{
    width:164px;
    float:right;
    text-align:center;
    background:url(images/index_icon.gif);
    background-repeat:no-repeat;
    background-position: right bottom;
    height: 65px;
}
.caption_right ul { float:left; margin-top:20px; }
.caption_right li { list-style:none;display:inline;padding-right:5px; }
```

完成后效果如图 6-30 所示。

图 6-30 主体页面导航设置

（2）设置样式 Pbg。

Index.html 文件中输入以下代码：

```
<!--页面主体-->
  <div id="PageBody">
    <div class="Pbg">
      <div class="caption_midst1"><img src="images/index_kefu.gif" border=
        "0"></div>
      <div class="caption_midst2"><img src="images/index_liuyan.gif" border=
        "0"></div>
    </div>
  </div>
```

Css1.css 文件中输入以下代码：

```
/*页面主体*/
.Pbg {width: 100%;   text-align:right;float:left;}
.caption_midst1{width: 256px; height: 66px;   float:left;}
.caption_midst2{width: 230px; height: 66px;   float:left;}
```

完成后效果如图 6-31 所示。

图 6-31 主体页面背景图片设置

（3）设置样式 Pmarquee。

Index.html 文件中输入以下代码：

```
<!--页面主体-->
  <div class="Pmarquee">
    <marquee  behavior="scroll" direction="left">
    <img src="images/ad1.jpg" width="113" height="100" />
    <img src="images/ad2.jpg" width="113" height="100" />
    <img src="images/ad3.jpg" width="113" height="100" />
    <img src="images/ad4.jpg" width="113" height="100" />
    <img src="images/ad5.jpg" width="113" height="100" />
    <img src="images/ad6.jpg" width="113" height="100" />
    </marquee>
  </div>
```

Css1.css 文件中输入以下代码：

```
/*页面主体*/
.Pmarquee {background: #FFF; overflow: hidden; border: 1px dashed #CCC;
width:486px;
height:113px; padding-top:5px}
```

完成后效果如图 6-32 所示。

图 6-32　主体页面图片滚动效果设置

（4）设置样式 MainBody。

Index.html 文件中输入以下代码：

```
<!--页面主体-->
<div class="MainBody">
  <div class="caption_outer_table"><img src="images/class.gif" border=
  "0"></div>
  <table border='0' align='center' cellpadding='0' cellspacing='0' class=
  'index_news_outer_table'>
      <tr>
          <td class='index_news_left_td'></td>
          <td class='index_news_right_td'>推荐线路 1 北戴河看大海 两日游</td>
      </tr>
      <tr>
          <td class='index_news_left_td'></td>
          <td class='index_news_right_td'>推荐线路 2：北戴河看大海 三日游</td>
      </tr>
      <tr>
          <td class='index_news_left_td'></td>
          <td class='index_news_right_td'>推荐线路 3：沙滩帐篷两日游</td>
      </tr>
      <tr>
          <td class='index_news_left_td'></td>
```

```
            <td class='index_news_right_td'>推荐线路 4:</td>
        </tr>
        <tr>
            <td class='index_news_left_td'></td>
            <td class='index_news_right_td'>推荐线路 5:</td>
        </tr>
    </table>
    <div class="Mtext">more</div>
</div>
```

Css1.css 文件中输入以下代码：

```
/* 页面主体 */
.MainBody {
    width: 100%;
    float: left;
    background:url(../images/index_pro_02.gif);
    background-position:right bottom;
    background-repeat:no-repeat;
    background-color: #c4e2ed;
    text-align:center;
    padding-bottom: 18px;
    padding-top: 10px;
}
.caption_outer_table {
    width: 215px;
    margin-left: 15px;
    float: left;
}
.index_news_outer_table {
    width: 90%;
    height: 20px;
}
.index_news_left_td {
    background-attachment: fixed;
    background-image: url(../../images/lf_a_18_2.gif);
    background-repeat: no-repeat;
    background-position: right center;
    width: 25px;
    height: 25px;
}
.index_news_right_td {
    text-align: left;
    text-indent: 15px;
    padding-top: 3px;
}
```

```
.Mtext{
    height: 13px;
    width: 70%;
    text-align:right;
}
```

完成后效果如图 6-33 所示。

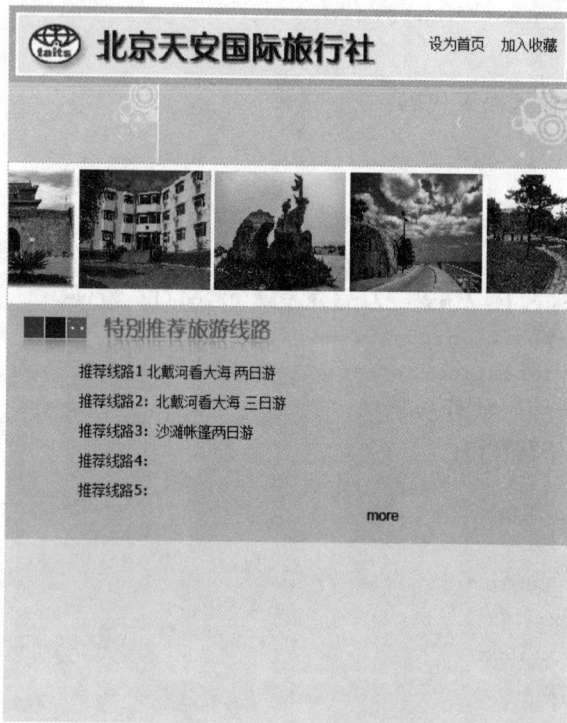

图 6-33　主体页面文本设置

（5）设置样式 Pban2。

Index.html 文件中输入以下代码：

```
<!--页面主体-->
<div class="Pban2">
    <img src="images/index_img.jpg" width="486px" height="150px"/>
</div>
```

Css1.css 文件中输入以下代码：

```
/*页面主体*/
.Pban2 {width: 100%;    float: left;}
```

完成后效果如图 6-34 所示。

图 6-34　主体页面底部图片设置

本章小结

　　网页设计要讲究编排和布局,虽然网页设计不同于平面设计,但它们有许多相同之处。本章重点介绍了页面的布局原则、类型、方法、基本构成及排版案例,通过本章的学习,同学们可以对网页的布局结构有一个更加全面的认识。其中重点掌握网页的基本构成、网页排版方法以及常见的网页结构类型,要求学生精通 DIV＋CSS 方式的网页排版方法。

课后习题

一、填空题

　　1. 为了使网页能达到最佳的视觉表现效果,应讲究网页整体布局的合理性,使浏览者有一个流畅的视觉体验。在制作网页前,可以先不举出网页的草图。网页布局的方法有两种:一种为_____;另一种为_____。

　　2. 常见的网页布局形式大致有_____、_____、_____、_____、_____和_____。

　　3. _____一般应用在网站的主页或广告宣传页上,为精美的图像加上简单的文字链接,指向网页中的主要栏目,或通过"进入"等提示性文字链接到下一个页面。

　　4. 对于任何一个网页,组成它的最基本元素主要是文本、_____、_____、_____、_____、_____和_____。

二、问答题

1. 简述网页版面布局的基本原则。
2. 写出网页布局的基本方法。

三、上机题

完成图 6-35 所示的网页排版。

图 6-35 网页排版

参 考 文 献

[1] 温谦. HTML＋CSS 网页设计与布局从入门到精通[M]. 北京：人民邮电出版社,2008.

[2] 何新起. 网页制作与网站建设从入门到精通[M]. 北京：人民邮电出版社,2013.

[3] 张晓景. 网页色彩搭配设计师必备宝典[M]. 北京：清华大学出版社,2014.

[4] 胡秀娥. 完全掌握网页设计和网站制作实用手册[M]. 北京：机械工业出版社,2014.

[5] 刘玉红. 网站开发案例课堂：HTML 5＋CSS 3＋JavaScript 网页设计案例课堂[M]. 北京：清华大学
    出版社,2015.

推荐网站：

[1] 设计网站大全,http://www.vipsheji.cn/.

[2] 模板网,http://www.mobanwang.com/.

[3] 懒人图库,http://www.lanrentuku.com/.

[4] 网易学院,http://design.yesky.com/.

[5] 中国教程网,http://bbs.jcwcn.com.

[6] 素材精品屋,http://www.sucaiw.com/.

[7] 21 互联远程教育网,http://dx.21hulian.com.

[8] 敏学网,http://www.minxue.net.